U0013876

實戰智慧館 472

杜拉克談
高效能的 5 個習慣

The Effective Executive

The Definitive Guide to Getting the Right Things Done

Peter F. Drucker

彼得．杜拉克（Peter F. Drucker） 著

齊若蘭 譯

實戰智慧館 472

杜拉克談高效能的5個習慣

作　者——彼得．杜拉克（Peter F. Drucker）
譯　者——齊若蘭

副 主 編——陳懿文
封面設計——萬勝安
行銷企劃——舒意雯
出版一部總編輯暨總監——王明雪

發 行 人——王榮文
出版發行——遠流出版事業股份有限公司
104005 台北市中山北路一段11號13樓
電話：(02) 2571-0297　傳真：(02) 2571-0197　郵撥：0189456-1
著作權顧問——蕭雄淋律師

2009年12月15日　初版一刷
2023年 6 月 1 日　二版五刷
定價——新台幣 380 元（缺頁或破損的書，請寄回更換）
有著作權．侵害必究（Printed in Taiwan）
ISBN 978-957-32-8666-0

ylib 遠流博識網　http://www.ylib.com
E-mail:ylib@ylib.com
遠流粉絲團　https://www.facebook.com/ylibfans

國家圖書館出版品預行編目 (CIP) 資料

杜拉克談高效能的 5 個習慣 / 彼得．杜拉克（Peter F. Drucker）著；齊若蘭譯 . -- 二版 . -- 臺北市：遠流 , 2019.11
面；　公分 . --（實戰智慧館；472）
譯自：The Effective Executive
ISBN 978-957-32-8666-0（平裝）

1. 經理人　2. 決策管理

494.23　　108016851

新版推薦文

不只是勞力工作者，我們更是知識工作者

方寸管顧首席顧問、醫師
楊斯棓

很多人離開學校後就再也不看書了。嚴格說來，他們在學期間，頂多也只讀應付考試的教科書。

閱讀量再大一點的人逛書店時，總抱怨書籍陳列櫛比鱗次，消化不完。事實上，我們並不需要有壓力消化每個月排行榜上或是名人的私房書單，有些書只要讀別人的摘要心得就可以了，但經典就不同，值得一再咀嚼，甚至每年都從案頭取下，書寫因此被觸發的新想法。

《杜拉克談高效能的5個習慣》正是經典中的經典。

杜拉克提及知名執行長威爾許（Jack Welch）的自傳內容，說他每五年必自問：「我現在需要做什麼？」而我外公經營百貨行六十年，經歷過草創、上坡、輝煌、下坡四階段，卻從來沒有像威爾許那樣每五年自問：「我現在需要做什麼？」

輝煌時代過後，他坐在藤椅上，默默地細數依序崛起的百貨公司、超商、大賣場、寶雅、電商，無力地坐視消費者陸續別抱。

百貨行裡以前有資生堂專櫃，如果某個時間點當機立斷，留下這個專櫃，以這個專櫃的服務為圓心，轉型成美容院，或許就此斷尾求生。又或者，收掉百貨行，加盟超商。又或者，把過去賺來的錢轉為持有統一超、全家、寶雅、pchome、momo的股票，打不過你就加入你。

杜拉克分析，勞力工作者只需要講求效率（一個早上賣了幾件制服、繡了幾件學號），也就是把事情做對的能力，知識工作者則必須有能力判斷做哪些事才是對的事（是否繼續賣制服，或是否花錢買別人的時間，請人代繡學號）。

原來，我外公從一無所有拚搏到一位百貨行負責人，一輩子還是用勞力工作者的角色定位自己。他累積了若干資本足以讓他做下一個決定，心力卻總耗在煩惱制服賣得好不好。賣得好，他也得付出更多勞力繡學號，捨不得請人，於是忙到沒時間思考社會氛圍和民眾價值觀的改變（逛百貨公司取代上百貨行買東西），忙到無視新科技，而瞎忙終究讓他被時代淘汰。

他並沒有把自己定位成一位管理者、領航者、知識工作者，所以當然沒有在每個歲末年終盤點要果斷放棄哪些事以及做哪些新的擘劃。擘劃不一定成功，但那是對的事。

杜拉克於一九〇四年出生，而日本最古老的自動販賣機也在同年由俵谷高七發明，從那年起，自動販賣機就逐步取代勞力工作者的角色。

杜拉克說：「在現代組織中，如果說知識工作者有責任透過他的職位或知識對組織有所貢獻，而且他的貢獻會實際影響到組織達成經營績效和產生成果的能力，那麼每一位知識工作者都是『管理者』。」

你我都該把自己定位成一名知識工作者，而不只是勞力工作者。勞力工作者認真揮汗，知識工作者則必須揮汗思考該把有限的力氣用在哪裡。

本書重點就是每個高效能管理者都必須培養的五個習慣：了解你的時間、問「我可以有什麼貢獻」、善用人之所長、先做最重要的事、做有效的決策。若想對這五個習慣了解透徹，建議同時研讀柯維（Stephen Covey）寫的《與成功有約：高效能人士的七個習慣》（*The 7 Hatits of Highly Effective People*），了解高手們看法異同，取其聯集（不只是交集）處事。

杜拉克特別強調「先做最重要的事」，柯維也說「要事第一」。天下智謀之士，所見略同耳。

新版推薦文

管理是一種習慣，而不是一種天賦

JC趨勢財經觀點版主 Jenny Wang

在管理學大師彼得．杜拉克的《杜拉克談高效能的5個習慣》一書中，點出了許多人對管理學的誤解。首先，優秀管理能力並不是與生俱來，而是透過練習而得。管理者必須學習如何在眾多替代方案之間尋找最佳解，幫助組織更有系統與效率地持續前進。

另外，成功的團隊並非憑藉一人之力，而是集眾人之力創造出來的結果。優秀管理者扮演的角色不在於發號施令，而應從自身做起，透過絕對責任、專注於貢獻所長來凝聚組織向心力，使每位成員擁有共同的核心目標，樂於接受挑戰來達成更高的願景。

藉由這本書，我們理解到打造高效能的關鍵是：先觀察，後行動；掌握時間，整合資源；聚焦結果，打造流程。本書讓讀者可以更有系統地培養高效能的五個習慣，將過量的資訊與繁雜的細節簡化，找到專屬於自己的決策流程。

新版推薦文

學會管理自己「做對的事」的能力

知名作家、創業家
艾兒莎

三年前創業初起時，我是一個從未碰過、沒想過自己會需要「創造」管理環境的人，雖然二十五歲就到新加坡工作，後來也被指派為CEO，管理了一些人。但那時上面還是有老闆給出指引與既定架構，我遵循即可。而且當時我管理的員工才三個，這類較偏扁平式的組織只要夠懂人際與手腕，就可以熬過去，因為我對的是人，而不是組織或系統。

後來我從一連串的錯誤、人事崩垮的危機中才發現，如果不懂得從自身開始管理，就根本不可能管理好公司。而我花了大把顧問費才理出最關鍵的道理，那就是管理自己「做對的事」的能力。所以，當我看到書中同一個核心概念貫穿各個篇章，不只頻頻點頭，還分享給我的員工。如果能老早看到這樣的內容，我就不用走這麼多冤枉路了！

書中提到的各類管理層面，不單對個人、對企業、對組織都影響深遠，而我最在意的時間管理、組織管理，更是一輩子都需要學習的課題，但如何能在不同面向的管理中找出「對的事情」去做，那是需要對情境、人性、職場生態與企業營運狀態有足夠理解與頗析後，才能給出的建言，這本書，都清楚做到了！

最後一個讓我感同身受的地方就是書中提到的「不要因人設事」。身為老闆與領導者，很容易就被情緒與情感干擾，如何能把員工放在對的位置且引領出他們的潛能，以及如何用系統來框架他們產能與絕對價值，其實有一定程度互抵的，但要做到平衡就會是一大難題，連我自己也常因此陷入「因人設事」的處理方式，導致了很大的災難。所以，希望有志於管理好自己、管理好團隊、管理好客戶與事業的讀者們，能一起悉心品味筆者想分享的扎實內容。

新版推薦文

管理者的首選之書

太毅國際顧問集團執行長
林揚程

創業二十年的我，即使經過許多年，杜拉克先生仍是我心目中商業管理史上第一人。他絕對是位先知，數十年前撰寫的經典之作，歷經歲月的推移轉變，更佳驗證他的真知灼見！

我經營的公司「太毅國際顧問」每年協助數百家企業進行人才發展，其中會有一、二十家透過我們進行儲備管理者（MA）的培訓計畫，這種為期一到兩年的學程方案，通常會要求推薦幾本管理的大書，而《杜拉克談高效能的5個習慣》便是我給新任管理者的首選之書。

書中淺白直述的實例，清晰呈現作為經理人的基本原則與認知，而簡要的五項習慣落實方法，更對應到我們日常的管理工作。

雖然杜拉克早已逝去，但是他說過：「我在這兒，哪兒也不去。」是的，他一直都在，超越時空、歷久彌新的務實創見，陪伴所有管理者迎向企業未來的挑戰與機會。

新版推薦文

斜槓時代必備的基本功

好感度教練 維琪

我是一名自雇者，不但要經營公司，還身兼企劃、行銷、主持等角色，除此之外要照顧小孩、經營「維琪百科」讀書會，還要花時間在學習成長上，如何「高效能」地讓所有事情都在軌道上就很重要。如同本書所說，高效能是一種可學習的技能，但大多數人都把焦點放在「把事情做對」，看似有效率，卻不是在「做對的事情」。

杜拉克提到五個簡單的習慣，而我如何落實並發揮高效能呢？一、了解自己的時間：「授權」和嚴謹的時間安排是我每天在做的。二、問「我可以有什麼貢獻？」：如果這件事非我不可，就讓自己和對方都有收穫。三、善用人之所長：很多事情交給專業。四、先做最重要的事：大部分時間專注在「重要但不緊急」的事情，如此可大幅減少「重要又緊急」的事情發生（除非意外）。五、做有效的決策：運用科技如搜尋引擎優化（SEO）、A／B測試等，幫助我進行調整並做決策。

在這個多工斜槓的時代，學習「高效能」儼然成為職場甚至生活中的基本功。

新版推薦文

有效的管理，是可以學習的

知名講師、作家、主持人
謝文憲

一九九七年我二十八歲，從第一線的房仲明星業務晉升為帶兵的店長。身為管理者，天真地以為只要業績好、有領導魅力，挾著信義君子與優質服務品質的兩枚光環，就可以帶領成員達成組織與成員的目標。殊不知，這些都只是我一廂情願與不切實際的想法。

檢討業績的店長會議時，桃竹區主管送了杜拉克這本書給全區店長。我從一開始的半推半就，藉由全區店長讀書會的研讀、討論、發表，伴隨著自身愈發多元的實務管理案例，搭配書中所提的五個管理效能習慣，一步一步引領我走進現代管理的殿堂。

之前在商戰名人讀書會的影音節目，我也與來賓一同導讀本書，激辯的討論火花中，我們將時間管理、聚焦成果、用人所長、專注焦點、做好決策等五大習慣，用自身經驗分享給讀者。

本書是陪伴我從二十八歲到五十一歲，隨時翻閱都能有極大收穫的雋永好書。

初版推薦導讀

成為自己職涯的執行長

杜拉克管理學家
詹文明

當一九七九年底的某日無意間逛到一家書店裡，拿起一本乍看之下十分不起眼、英文名叫 *The Effective Executive* 的書，翻了再翻，有幾個字抓住我的眼球：「我能有什麼貢獻？」頓時我楞在當場，直到老闆叫我、催促我才回了神，買了書離開書店。迄今已隔四十載，讀爛了兩本，反覆實踐，領悟內化，質疑現狀，追求意境。屈指一算讀上百遍，影響之大，無以倫比，可以說這本《杜拉克談高效能的5個習慣》改變了我的命運、我的人生觀以及我的家庭。

「高效能」對我而言是一項修練、一種紀律，是後天的實務綜合；是可以透過自己的才華以有目的、有條理、有系統的工作，成為一位卓有成效的知識員工，做出對人、組織乃至社會的重大貢獻，讓其他人因自己的生命而變得很不一樣。為此，我的經驗告訴我，「高效能是可以學習而且必須學會的一種特殊技能，更是一種心靈的能力。」

難怪杜拉克會語重心長指出：「二十一世紀人類最偉大的革命並不是征服太空、網際網路、生物科技、醫學進步、通信速度，而是知識員工可以透過『自我管理』成為自己職涯的執行長。」

成功的職業生涯並不是規畫來的，而是靠管理來的，尤其是「自我管理」。養成高效能的五個習慣則是自我管理的全部內涵。為此，我們需要當自己的執行長，因為「人人都是執行長」。我們要有綜觀全局及同時認清現實的挑戰和掌握機會的能力，需要有多數人所沒有的自我認知，《杜拉克談高效能的5個習慣》這本書給出了答案。

「五種高效能的習慣」究竟如何理解呢？如何養成呢？我們可以從兩個構面學會如何學習，一是「道可頓悟」，一是「命要漸修」來談。

首先「道可頓悟」方面，高效能管理者不會從任務著手，更不會從工作開始，而會從時間著手，尤其會先弄清楚自己日常都把時間花用在哪裡，是否具有生產性、非生產性或浪費時間上，更能認知每個人都是時間的消費者。而絕大多數的人是時間浪費者，領悟到「不是要管理時間，而是要管理自己的行為」，因為「時間」是常數、是不變的，而「行為」才是變數、是該管理的。為此，時間是稀有的資源，除非能好好地善用時間，否則就無法管理其他的資源，這是第一個高效能的習慣——時間認知。

高效能的第二個關鍵便是「對外的貢獻」，我們要將所有的努力聚焦於成果上，而非為工作而工作。任何組織都需要直接的成果，建立共同的價值觀及培育未來的人才，然而，這三種績效的相對重要性則端看管理者的性格和職位的不同，以及因應組織的不同需要而有所差異。

事實上，「人」才是貢獻的主角，有效的人際關係與團隊的默契不靠政治的手腕，也不是派系的妥協，而是要能聚焦於貢獻，透過貢獻才能達成四個條件：一、有效溝通，二、團隊合作，三、自我發展，四、培育他人。但最終受惠的是外界，是客戶，也是自己。因為專注於貢獻，就是專注於提昇效能。

高效能的第三個核心則是「人」。因為人的長處才是真正的機會，因此，如何發揮人的長才，發揮人的長處，才是組織的唯一目的。因為從人的短處來用人，則縱然不是虐待人，也是誤用人。一位真正苛求的主管，事實上就是懂得用人的主管，他總是會先發掘一個人最能做些什麼，再來苛求他更上一層樓。自我要求甚嚴，高度地自我期許的知識員工，將是高效能的卓越人士，他們不因成就而滿足，而是以服務為目的，以貢獻為依歸。然而，更為重要的，人的誠實正直，其本身不一定能成就什麼，但一個人的誠實正直如果有瑕疵的話，則大足以敗事。

第四個高效能的關鍵習慣是「先做最重要的事」。如果高效能管理者真的有任何祕訣，那就是「專注」。高效能管理者都是做最重要的事，而且一次只專心做一件事。

日本企業就是將最優秀表現的員工和最棒的機會作最佳結合的代表，這也是專注的具體表現。杜拉克指出釐清優先順序關鍵不在於明智的分析，而是有沒有勇氣選擇未來、機會、自己的方向，而不是沉埋在過去、問題，隨波逐流。要帶來改變，做得不一樣，而不是安穩而簡單輕鬆地做。

最後，高效能的第五個關鍵核心是「做有效的決策」。然而，決策的五要素分別為「問題的界定－邊界條件－替代可行方案－採取行動－反饋機制」。因為決策是一種判斷，是各種替代方案之間的選擇。決策很少是「對」與「錯」之間的選擇，頂多是在「大致正確」和「可能錯誤」之間選擇，但很多時候，決策其實是在兩種方案之間作選擇，而且無法事先證明哪個方案更適當。

本書的論點乃建立於兩項前提：一、管理者的工作必須有效；二、人人都可以學會如何發揮效能。有了「高效能的五個習慣」領悟後，便是「命要漸修」。管理的本質不在於知，乃在於行，行即實踐、實務，知識員工必須透過練習、練習、再練習，才能養成高效能的習慣。

實踐的有效性，必須由「決策－專注－長處－貢獻－時間」成為一套「明確、簡單、清晰、具體可操作的經營理論」反覆操練、修練、內化、昇華，這乃是一輩子的工夫，可以再造自己、回饋社會，成為一個有用的人。

《杜拉克談高效能的5個習慣》一書係由翻譯家齊若蘭女士以其淺顯易懂，且又忠實於原著的風格，將杜拉克的名著重新譯作，是讀者的一大福音。相信讀者在讀完本書後，會認同本書所帶來的影響與改變，不論是學生、老師、經理人、知識員工，乃至於非營利機構人士、政府官員等都能從中獲益。能導讀本書是我畢生之榮幸，十分願意竭誠地推薦之。

初版推薦文

永遠啟發世人的大師智慧

逢甲大學人言講座教授
許士軍

近十餘年來，在管理範疇內，種種新觀念和新思想不斷輪番出現，爭奇鬥豔，令人有眼花撩亂之感。也同時帶來一個十分基本而實際的問題：這些管理理論與觀念，是否適用於台灣？尤其很多管理大師所提出的主張，本身屬於一種「理論原型」，而不是可以立即付諸實施的實務參考，更讓人在學習仿效時感到些許迷惘。

然而，在「理論原型」研究路線之外，彼得．杜拉克從一開始就帶著對人的核心關懷，從實務入手，他所建立的管理思想體系乃奠基於他長駐企業內部，深入地與企業各階層工作者，上至企業總裁、高階主管，下至生產線上的工作者進行第一手觀察以及先知般洞見未來的智慧。

可以這樣說，杜拉克在管理上的智慧，不是來自艱深的理論或小題大作式的科學研究，而是透過他對於人性和社會的透徹了解，掌握關鍵因素，配合外界環境和變化的形勢，化為有如佛家所稱「明心見性」似的語言，因此讓人非常容易得到啟發。

杜拉克雖被喻為現代管理學之父，他卻自稱是個社會生態學家，因為他最關心的，其實是人的處境，他深信，在每個社會的每個組織中（無論是企業、政府、非營利組織），高效能的管理與高道德操守的領導人，才能大幅改善人的處境。

也因此，他所關心的是：這些機構或組織能否發揮其社會功能而促成一個健全的社會，他發現，要做到這一地步，乃取決於管理要素能否發揮作用。這個心路歷程說明了，何以杜拉克對於政府以外的機構先是寄望於企業，而後擴大到非營利型組織，同時也讓我們了解到，何以他在一九五〇年代之後對於管理的重視，以及後來不斷闡揚知識經濟和知識工作者的道理。

杜拉克認為，人需要社群，也需要社會。對他來說，企業組織並不是單純的經濟性組織，而應該承擔其社會功能，並從而獲得其權力。因此，管理應該建立在深層的價值理念上，而不只是一種作業性、技術性的理性經濟活動。

因此，杜拉克一生的教學和寫作圍繞著以對於人的關係為核心，作為發揮效能的管理目標。在他近半個世紀的著述生涯中，寫了數十本書，發表了上千篇管理論文，如今都已經成為經典，其中本書《杜拉克談高效能的5個習慣》就是歷久彌新的經典之一。也因為他這種以關懷人為核心發展出來的管理思想體系，對人性有深刻的觀察，才能夠超越時間與空間，不斷感動、啟發、影響一代又一代的讀者。

他的許多原創觀念，諸如「分權」、「知識工作者」、「目標管理」、「顧客導向」等，多年來都使得世界上各行各業的人，從國家的領導者、企業總裁到中高階主管，以及一般工作者，不斷從中得到啟發與激勵，譬如說，前奇異總裁威爾許、前英特爾總裁葛洛夫（Andrew S. Grove）、微軟創辦人蓋茲（Bill Gates），以及台灣許多傑出的企業界領袖，都是杜拉克管理思想的熱情支持者。

杜拉克一生的前瞻思想和智慧語言，可說是人類值得珍惜的最寶貴資產，而他帶給這個世界至深至廣的影響力，並不因他的離去而消失。因此任何對管理有興趣、期望自己成為高效能的工作者，都不應該錯過這本書！

杜拉克談高效能的5個習慣

The Effective Executive

目錄

序言

管理別人，先從管理自己開始！

企管書籍常常探討如何管理別人，本書則把焦點放在如何有效地自我管理。我們無法充分證明我們真的有辦法管理其他人，但我們總是可以管理自己。的確，如果主管無法有效地自我管理，你也不可能期望他有能力管理同事和部屬。管理有很大部分要靠以身作則，不知道如何達到工作成效的主管只會成為錯誤示範。

要合理地展現高效能，單憑聰明才智、努力不懈、或學識淵博還不夠，效能是截然不同的事情。但另一方面，要展現高效能，並不需要天賦異稟，或具備特殊才能，也不需受過特殊訓練。高效能的管理者必須做到某些頗簡單的事情，包括本書將探討的一些做法，但這些做法並非每個人「與生俱來」的習慣。在我四十五年的企管顧問經驗中，我曾輔導過大大小小各種組織，包括企業、政府機構、工會、醫院、大學、社區服務，地點則遍布美國、歐洲、拉丁美洲和日本，和許多主管合作過，我沒有碰過任何「天生」高效能的主管。所有的高效能主管都是經由學習，才變得具備高效能。他們全都必須練習高效能的做法，直到做法變成為習慣為止。但是努力培養這些習慣的人都會成功地變成高效能的管理者。我們每個人都可以透過學習，成為高效能的管理者，而且也必須學習如何提高自己的效能。

無論是需要兼顧他人績效的經理人，或只需為自己績效負責的專業人士，公司付你薪水，就是希望你展現效能。無論你投入了多少智慧和知識在工作上，也無論你花了多少時間，沒有效能，就沒有「績效」可言。但是大家似乎不太注意管理者的效能問題，這倒是不足為奇。無論對企業、大型政府機構、工會、大醫院或大學而言，組織的觀念畢竟還算新。一百多年前，一般人除了偶爾到郵局寄信之外，很少接觸到大型組織。如果管理者要發揮高效能，表示組織從裡到外、上上下下都要展現效能。

過去大家幾乎都不太需要注意誰是高效能的管理者，也不必擔心管理者缺乏效能的問題。不過今天我們可以預期，大多數人（尤其是具有相當教育程度的人）的工作生涯幾乎都會在某種型態的組織中度過。在所有已開發國家中，社會已經變成了「組織的社會」。一個人有沒有效能，愈來愈要看他能否在組織中展現效能、能否成為高效能的管理者而定。社會能否展現效能（甚至能否存活），愈來愈需要仰賴組織中的管理者發揮效能。高效能的管理者很快成為社會的關鍵資源，無論對初出茅廬的年輕人或打拚了一段時間的職場老將而言，有沒有效能也是個人能否有所成就的必要條件。

前言

高效能是可以學習的

依照目前一般人對「領導人」的定義，高效能的管理者不一定是好的領導人。例如，美國前總統杜魯門（Harry Truman, 1884-1972）毫無領袖魅力，然而他幾乎是美國史上效能最高的執行長之一。同樣的，我在長達六十五年的企管顧問生涯中，曾和無數企業及非營利組織的執行長合作過，其中最出色的人才往往不是一般人刻板印象中的領導人類型。他們無論是個性、態度、價值觀、長短處都各不相同，從活潑外向到近乎孤僻、從個性隨和到控制慾強、從慷慨大方到節儉吝嗇，什麼樣的人都有。

他們之所以能展現高效能，是因為他們都能遵循以下八種做法：

●他們會問：「需要完成的工作有哪些？」

●他們會問：「對公司而言，什麼是對的事情？」

●他們發展出行動方案。

●他們負起決策的責任。

●他們負起溝通的責任。

●他們聚焦於機會，而非問題上。

●他們召開建設性的會議。

●他們在思考時和言談間，想的和說的都是「我們」，而不是「我」。

頭兩項做法能提供他們所需的知識，接下來的四項做法幫助他們把知識轉化為有效的行動。最後兩項做法確保組織上上下下都有責任感和有擔當。

需要做什麼？

第一個做法是問：「需要做什麼」。請注意，不是問：「我想做什麼？」而是：「需要做什麼？」詢問有哪些工作需要完成，並且認真思考這個問題，是成功管理的重要步驟。即使是最幹練的管理者，都可能因為沒有問這個問題，而變得缺乏效能。

當杜魯門在一九四五年當選美國總統時，他很清楚自己想做什麼：他想要完成羅斯福新政中的經濟改革和社會改革，這些改革由於二次世界大戰爆發而遲遲沒有推動。但是當杜魯門問「需要做的事情有哪些」時，他領悟到，外交絕對是首要之務。於是，他好好安排自己的工作時間，每天一上班，就由國務卿和國防部長說明外交政策。結果，他成為美國史上在外交事務上效能最高的總統。他遏止共黨勢力在歐洲和亞洲擴張，同時又透過馬歇爾計畫，啟動了全世界隨後五十年的經濟成長。

同樣的，當威爾許（Jack Welch）接任奇異公司執行長時，他了解奇異公司需要完成的工作不是他想推動的海外擴張計畫，而是設法淘汰無法在產業中居數一數二地位的事業部門，無論這些事業單位目前有多麼賺錢。

「需要完成的工作有哪些？」這個問題的答案往往包含了不止一項緊急任務，但高效能的管理者不會一心多用，他們會盡可能集中心力於一項工作上。如果他們也和少數人一樣，每天都需要在工作步調上有一些變化，才能表現得最好，那麼他們會挑選兩件事情來優先處理。我從來沒有碰到過任何能一心多用、但仍然展現高效能的管理者。因此，在詢問「需要完成的工作有哪些？」後，高效能的管理者會設定優先順序，並且固守排定的優先順序。對企業執行長而言，首要之務可能是重新界定公司的使命。對部門主管而言，首要之務可能是重新界定自己負責的單位與總公司的關係。其他工作，無論有多麼重要或多麼吸引人，都必須暫時延後處理。不過在完成了原本的首要任務後，管理者應該重新設定優先順序，而不是開始做原始清單上的第二項工作。他會問：「那麼，我現在需要做什麼？」通常這個問題會引發不同於原始清單的新優先順序。

我們要再度以美國最著名的企業執行長為例：根據威爾許的自傳，他每隔五年就會自問：「我現在需要做什麼？」而且每一次都因此設定出新的優先順序。

但是威爾許在決定未來五年要將心力專注於哪些事情之前，也會仔細思考另外一個問題。他問自己，在最需要他投入心力的兩、三項工作中，自己最適合承擔哪一項工作。然後他就專注於這項工作，其他工作則授權他人處理。高效能的管理者總是專注於自己最擅長、做得特別好的工作上。他們知道，如果最高主管展現高效能，那麼公司也會表現出色，反之，如果最高主管表現不好，公司業績也就乏善可陳。

對公司而言，這樣做「對」嗎？

高效能的管理者的第二個做法（和第一個做法同樣重要）是問：「對公司而言，這樣做『對』嗎？」他們不會問：「對公司老闆、股價、員工或主管而言，這件事對不對？」他們當然很清楚，要有效執行決策，決策能不能獲得股東、員工和主管的支持（或至少默許）非常重要。但他們也知道，任何決策如果對公司而言不是正確的決策，那麼對其他利害關係人而言都不會是正確的決策。

對於家族企業的管理者而言（無論在任何國家，大多數的企業都是家族企業），第二個做法尤其重要，尤其在面對有關人的決策時。在成功的家族企業中，唯有當家族成員的表現大幅凌駕於同層級其他員工的表現時，才能獲得升遷機會。比方說，早期杜邦公司（DuPont）是家族企業，所有高階經理人都是杜邦家族成員（只有主計人員和律師除外）。杜邦創辦人的所有子孫都有權在公司獲得最基層的職位。杜邦有個主要由非家族成員的經理人所組成的委員會，而唯有當這個委員會評估家族成員的表現凌駕同階層的其他所有員工之上時，家族成員才能獲得拔擢，從基層往上升。英國最成功的家族企業利昂公司（J. Lyons & Company，目前隸屬一家重要企業集團）曾經是英國飲食服務業和旅館業的龍頭，他們百年來也一直遵循相同的原則。

單單問「對公司而言，什麼是正確的決策？」並不能擔保你們做出正確的決策。因為即便最出色的管理者都不過是凡人，難免犯錯，也懷有偏見。但是如果不問這個問題，就一定會導致錯誤決策。

化計畫為行動

管理者都是做事的人，他們執行任務。除非能將知識化為行動，否則對管理者而言，知識毫無用處。但在採取行動之前，管理者必須預先規畫。他必須思考想要達到的成果、可能的限制、未來如何修正、檢核點為何，以及如何運用時間。

首先，管理者透過「在未來的一年半到兩年，公司應該會期望我有什麼貢獻？我會致力於達到什麼成果？在什麼期限之前完成任務？」等等問題，來界定想要達到的成果。然後他會思考行動的限制：「這樣的做法是否合乎倫理？能否為組織內部接受？是否合法？是否符合組織的使命、價值和政策？」即使答案是肯定的，也無法保證行動一定有成效。但如果違反這些限制，就一定是不正確的行動，而且也達不到效果。

行動方案只是宣告意向，而非承諾，因此絕對不能變成束縛。行動方案一定要常修正，因為每一次成功都會開創新機會，每一次失敗亦然。每當企業經營環境、市場、尤其是企業內部人員發生變動時，行動方案也必須有所調整。任何書面計畫都必須預留修正的彈性。

除此之外，行動方案應該建立查核系統，檢視成果是否合乎預期。高效能的管理者通常都會在行動方案中規畫兩個檢核點。第一個檢核點是計畫進行到一半時，比方說，九個月的時候。第二個檢核點則是在計畫結束後，擬定下一次行動方案前。

最後，管理者必須根據行動方案來管理時間。時間乃是管理者最稀少、也最寶貴的資源。而組織（不管是政府機構、企業或非營利組織）往往在無形中浪費很多時間，除非行動方案能主宰管理者運用時間的方式，否則也是枉然。

據說拿破崙曾經說過，沒有一場勝仗是依照原本的計畫打贏的，然而拿破崙仍然比過去任何將領都更周詳地規畫每一場戰役。如果缺乏行動方案，管理者就會變成突發事件的俘虜。如果管理者在事件演變過程中，沒能根據實際狀況對原本的計畫進行查核檢討，就無從得知哪些事件的確影響重大，哪些只不過是不相干的雜音而已。

管理者將計畫化為行動時，必須特別留意決策、溝通、機會（相對於問題）和會議。以下會逐一探討這些議題。

有效決策的責任

一直要等到相關人等都了解下列事項時，才算真正做成決策：

- 由誰負責執行決策；
- 完成期限為何；
- 這項決策將影響哪些人（因此他們必須了解並贊同這項決策，或者至少不會強烈反對）；
- 必須告知哪些人這項決策（即使決策不會直接影響到他們）。

組織中許多決策都因為沒有遵守這些基本原則，以至於窒礙難行。三十年前，我有個客戶在快速成長的日本市場上喪失龍頭地位，問題出在他們在決定與新的日本夥伴合資後，從來沒有釐清誰應該負責通知客戶：新夥伴的產品規格是用公尺和公斤計算，而非英尺和英磅。結果沒有任何人發布這個訊息。

依照大家預先同意的時間點，定期檢討決策，和從一開始就謹慎決策同樣重要。因為如此一來，可以在不好的決策造成實際損害前及早修正。無論是決策執行結果或決策背後的假設，都可以包含在檢討內容中。

對於最重要和最困難的決策，也就是有關人員雇用和升遷的決策，這樣的檢討尤其不可或缺。學者在研究有關人事的決策時發現，這類決策只有三分之一算是真正成功的決策；三分之一很可能既不成功，也不算失敗；另外三分之一則明顯失敗。高效能的管理者明白這點，因此會（在決策六個月到九個月後）檢討人事決策所獲致的成果。如果他們發現決策並沒有達到預期成果，他們不會做出人員績效不佳的結論，而會推斷自己犯了錯誤。在管理良好的企業中，大家都明白，如果員工在新職位上表現不佳，尤其是在升遷後表現不佳，該受指責的人可能不是這位員工。

為了組織和同事著想，管理者也不應該容忍表現不佳的員工繼續留在重要職位上。績效不佳或許不是員工的錯，但即使如此，還是必須將他們調離重要職位。如果員工達不到新職位的要求，組織應該容許他們回到與過去職級薪水相當的職位上。但一般公司很少容許員工有這樣的選擇，至少當雇主是美國公司時，這類員工通常都自願離職。但是，單單容許員工有這樣的選擇，就會產生很大的效果，能鼓勵員工離開他們覺得安全自在的職位，承擔風險較高的新任務。組織的績效端賴員工是否願意承擔這類的風險。

系統化地檢討決策是一種自我發展的有效工具，可以檢視決策的成果是否符合預期，讓管理者了解自己的長處何在、有哪些地方需要改進、還欠缺哪些知識或資訊，也看清楚自己有哪些偏頗之處。經過系統化地檢討決策之後，往往顯示管理者的決策之所以缺乏成效，是因為他們沒有把對的人放在對的位子上。將最優秀的人才放對位置是非常重要而困難的工作，許多管理者往往輕忽這點，有一部分是因為優秀的人才通常都已經非常忙碌。系統化地檢討決策也能暴露管理者自身的缺點，尤其是他們無法勝任之處。碰到這些領域時，聰明的管理者將不做決定，也不採取行動，而授權部屬代勞。每個人都有一些比較不擅長的領域，世界上沒有全能的管理天才。

大多數針對決策的討論都假定只有高階主管才做決策，或唯有高階主管的決策才是重要決策。這是很危險的誤解。事實上，從專業人員到第一線的督導人員，組織的每個層級都需要做決策。在以知識為基礎的組織中，這些低階的決策者極為重要。知識工作者應該比別人更清楚自己的專業領域（比方說稅務會計），所以他們的決策很可能影響整個公司。無論在組織的任何層級，制定好的決策都是非常重要的能力。知識型組織需要明確教導每一個員工做決策的技巧。

承擔溝通的責任

高效能的管理者會努力讓別人了解他們的行動方案和資訊需求，也就是說，他們會告知同事他們的計畫，請同事（包括上司、部屬和同僚）給意見。同時，他們也讓每個人知道，完成任務需要哪些資訊。部屬必須提供上司哪些資訊通常最受關注，但作為管理者，也同樣需要注意到同事們的資訊需求。

拜巴納德（Chester Barnard）在一九三八年出版的經典巨著《管理者的功能》（*The Functions of the Executives*）之賜，我們現在都明白，組織的維繫有賴於資訊的流通，而非靠公司所有權或指揮系統來維繫。然而還是有許多管理者認為資訊流通只是資訊專家（例如會計師）的工作。結果他們獲得了大量既不需要、也無法運用的資訊，反而得不到真正需要的資訊。針對這個問題，最好的解決辦法就是，每位管理者釐清他需要哪些資訊，要求取得這些資訊，同時不斷施壓，直到獲得資訊為止。

專注於機會

優秀的管理者會聚焦於機會，而不是問題。當然，問題必須受到關照，不能把問題藏起來不看。但是無論解決問題是多麼必要，單靠解決問題只能防止損害，而無法產生成效。好好開拓機會卻能產生成果。

高效能的管理者尤其將改變視為機會，而不是威脅。他們會有系統地觀察公司內外的改變，問：「我們如何才能利用這次改變，把它變成公司的機會？」更明確地說，管理者會從以下七種情勢中尋找機會：

● 自己的公司、競爭對手或所處的產業出現意料之外的成功或失敗；
● 市場、流程、產品或服務的現況和未來可能的發展之間的差距（比方說，十九世紀的紙業只利用每棵樹木的十分之一來製造木漿，完全忽略、也浪費了樹木其餘十分之九的利用價值）；
● 公司內外在流程、產品或服務上的創新；
● 產業結構和市場結構上的改變；
● 人口結構；

● 心態、價值觀、認知、氛圍或意義上的改變；
● 新知識或新科技。

高效能的管理者也會設法不讓問題掩蓋住機會。在大部分的公司裡，每個月主管報告的第一頁都必須列出關鍵問題。更聰明的做法是先列出機會，第二頁才列出問題。除非真的大難臨頭，否則應該在分析完機會並決定適當的因應方式後，才開始討論問題。

聚焦於機會的另外一個層面是用人。高效能的管理者會讓最優秀的人才因應機會，而不是處理問題。其中一個辦法是要求每一位主管每半年整理兩份清單，一張清單上列出公司的機會，另外一張則列出整個公司裡表現最出色的員工。經過討論後，將最優秀的員工和最好的機會做最佳組合。順帶一提，日本的大企業或政府部門認為這樣的配對工作是人力資源的主要職責，這種做法也成為日本企業的關鍵優勢之一。

召開有效的會議

要召開高效能的會議，關鍵在於應該事先決定這是哪一種會議。不同型態的會議需要不同的準備方式，而且會產出不同的成果：

準備宣言、公告或新聞稿的會議。會議要有成效，必須有人事先準備好草稿。預先指派一個人在會議結束時發布最後定案的版本。

宣布事情的會議，例如宣布組織變革。這種會議的內容應該完全侷限於宣布事情和討論這件事上。

聽取某人報告的會議。會議中應該只討論他的報告。

會議中的報告者有好幾位或所有與會者都做報告。討論的內容應該侷限於釐清報告內容或是根本不做討論。有時候，會議中針對每個報告會有一小段討論時間，讓與會者問問題。如果是這類會議的話，那麼應該在開會前就先把書面報告發給所有與會者。在這類會議中，所有的報告都不應該超出預定時間，例如只能報告十五分鐘。

會議的目的是向召開會議的主管報告。主管應該專心聆聽並問問題。他應該做總結，但不做報告。

有的會議唯一功能只是讓與會者與管理者共聚一堂。史佩爾曼樞機主教（Cardinal Spellman）的早餐和晚餐會議就屬於此類。這類會議根本不可能有成效，只是階級的懲罰。高階主管想要達到高效能，就應該防止這類會議阻礙日常工作。例如史佩爾曼主教之所以效能很高，主要是因為他把這類會議侷限於早餐和晚餐時間，而其餘上班時間都不召開這類會議。

要讓會議有成效，必須有良好的自我紀律，管理者必須決定採取哪一種會議型態最適當，然後就堅持那樣的會議形式，同時一旦會議目的已經達成，就必須結束會議。好的管理者不會在此時又提出另外一個討論議題，而會做個總結，然後散會。

良好的後續追蹤和會議本身同樣重要。在這方面，史隆（Alfred Sloan）可說是箇中翹楚，史隆也是我認識的企業主管中效能最高的一位。史隆從一九二〇年代到一九五〇年代領導通用汽車公司，他每週工作六天，每天都把大部分的時間花在開會上——每星期有三天參加正式的委員會會議，另外三天則和通用汽車的個別主管或一小群主管開特別會議。召開正式會議時，史隆一開始就會先宣布會議的目的，然後就專心聆聽。他從來不做筆記，除非需要釐清某些觀點，否則他也很少發言。在會議結束前，他會做個總結，謝謝所有與會者，然後離開會議室。接著他立刻寫下一份簡短的備忘錄給與會者之一，總結會議中的討論及結論，並且詳細說明會議中決定的工作事項（包括針對這個主題召開另外一場會議或研究某個議題）。他會註明工作完成期限及負責的主管，然後把備忘錄影本發給每一位與會者。透過這些備忘錄，史隆成為一位高效能的傑出管理者。

高效能的管理者很清楚任何會議如果沒有成效，就完全是在浪費時間。

想的和說的都是「我們」

最後一個做法是：思考和言談間不要只針對「我」，而必須想的和說的都是「我們」。高效能的管理者知道自己必須負起最終的責任，這部分的責任無法和別人分攤，也無法授「責」給他人。但他們之所以掌握權力，是因為得到組織的信任。也就是說，他們在考量自己的需求和機會之前，必須先考量組織的需求和機會。這句話聽起來很簡單，但需要嚴格遵守。

我們剛剛探討了高效能管理者的八種做法。最後，我要額外和大家分享一個做法。這個做法太重要了，我要把它提升成為一項規則：先聆聽，再說話。

高效能的管理者儘管個性、長處、弱點、價值觀和信念都大不相同，但他們有一個共通點：都能完成對的事情。有些人生來就有高效能，但社會對於高效能管理者的需求實在太大了，單靠天賦異稟的天才顯然不敷所需。高效能是一種修練，一種紀律，因此可以學習，大家也必須學會。

總論

高效能的五種習慣

管理者的職責就是達到工作成效。不管你是在企業或醫院上班，在政府機構或工會中服務，或任職於大學或軍隊，組織對管理者的第一個期望就是「完成對的事情」，簡單的說，就是組織期望管理者展現效能。

然而高效能的人才在主管中卻非常罕見。一般管理者中不乏才智出眾的人才，他們通常也擁有豐富的想像力和淵博的知識。然而一個人的效能和他的才智、想像力或知識水平，似乎沒有太大的關係。優秀人才往往極端缺乏效能，他們不了解，單有敏銳的洞見，不能算是一項成就。他們從來不明白，唯有透過有系統的努力，才能將洞見轉化為實際的成效。相反的，每個組織都有一些高效能的默默耕耘者。當其他人瘋狂陷入忙亂時（許多聰明人誤以為這是「創造力」的展現），默默耕耘者卻好像龜兔賽跑寓言中那隻烏龜一樣，腳踏實地一步步前進，結果反而第一個抵達目的地。

聰明才智、想像力和知識都是重要資源，但唯有發揮效能，才能把資源轉化為成果。單憑資源本身，能做到的非常有限。

組織為何需要高效能管理者？

這些應該都是淺顯易見的道理，但為什麼今天各種書籍和文章堆積如山，幾乎管理工作的每個層面都有人討論，卻很少有人注意到效能的問題呢？

效能備受忽視的其中一個原因是，效能是組織中的知識工作者特有的技能，而知識工作者直到一九五〇年代，才慢慢出現。

勞力工作者只需要效率；也就是說，他們需要的是「把事情做對」的能力，而非「做『對』的事情」的能力。勞工工作有明確的產出（例如一雙鞋），我們總是能根據產出的質與量來評估他們的表現。過去幾個世紀以來，我們已經懂得如何衡量效率，以及如何定義勞力工作者的工作品質，因此大幅提升了勞力工作者的產出。

從前，組織中絕大部分的成員都是勞力工作者（無論操作機器的工人或前線戰士都一樣），因此對高效能員工的需求不高，唯有發號施令的高階主管才需要展現效能。由於他們在整個工作人口中占的比例太小，因此我們把他們所展現的高效能視為理所當然。我們可以仰賴這些「天生好手」──各領域中的少數高效能人才，他們不知怎麼的自然而然就懂得高效能的做事方式，而我們其他人卻要辛辛苦苦才能學會。

不只在企業或軍隊中是如此。今天很多人難以理解在一百多年前的美國南北戰爭時期，所謂的「政府」，其實只是由少數十幾個人組成。林肯的作戰部長手下只有不到五十名文職人員，他們大都不是「管理者」或政策制定者，而只是電報收發員。一九〇〇年左右，在老羅斯福總統主政時期，今天華府國家廣場周邊的任何一棟建築物都容納得下美國政府的所有人員，讓他們在裡面舒適地辦公。

直到二十世紀初，醫院中根本聽也沒聽過所謂的「健康服務專業人員」（包括X光和實驗室技師、營養師、治療師、社工等）的職銜，但到了一九六〇年代，美國每一百名病患已平均配有二百五十名「健康服務專業人員」。過去的醫院裡除了少數護士之外，就只有清潔婦、廚師和女僕。在那個年代，醫生是知識工作者，護士則充當醫生的助理。

換句話說，過去組織面臨的問題主要是如何讓聽命行事的勞力工作者發揮效率。當時知識工作者還沒有成為組織中的主力。

事實上，早期只有一小部分知識工作者隸屬於各種組織，其他人大部分都是自行執業的專業人士，頂多另有一名辦事員輔助。他們能否發揮效能，只會影響到自己，和別人無關。

然而，龐大的知識型組織逐漸成為社會的常態，現代社會中充斥著各種大型機構。包括軍隊在內，每一種大型機構的重心都已經轉移到知識工作者身上，他們靠腦力工作，而不是靠發達的肌肉或手工技藝。愈來愈多人接受教育，學習如何運用知識、理論和概念，而不是在組織中靠體力勞動或手工技藝來工作，他們的效能主要端視他們對組織的貢獻而定。

如今我們不能再把效能視為理所當然，也不能再忽略效能的重要性。

把心力花在「對」的事情上

從工業工程到品質管制，我們為勞力工作者發展出來的種種評估和檢驗制度已不再適用於知識型工作。令人無奈、也最沒有建設性的事情，莫過於工程部門為「錯誤」的產品「很有效率地」迅速繪製美麗的設計藍圖。知識工作要有成效，必須把心力花在「對」的事情上，而我們無法靠衡量勞務的標準來評估效能。

《紐約客》雜誌曾經刊登過一幅漫畫，上面畫著某個辦公室大門上刻著：愛積斯肥皂公司業務經理察斯．史密斯。辦公室牆壁上空蕩蕩的，只掛著一個很大的牌子，上面寫著：思考。有個人把腳翹在辦公桌上，仰頭對著天花板吞雲吐霧。辦公室外面有兩個年紀較大的人剛好經過，其中一個人對另一個人說：「但是我們怎麼能夠確定史密斯腦子裡是在思考肥皂呢？」

的確，我們永遠沒辦法確定知識工作者腦子裡到底在想什麼——然而思考是他的工作，是他「做」的事情。知識工作者是否充滿幹勁，和他能否發揮效能、達成目標息息相關。如果他的工作缺乏成效，那麼他對工作和貢獻的熱忱很快就會冷卻，他也變成朝九晚五、每天照表操課的上班族。

知識工作者不生產任何本身就具備效能的東西。他不生產任何實質產品，例如他不會挖出一條溝渠、製造一雙鞋或生產機器零件。他生產的是知識、構想和資訊。這些「產品」本身毫無用處，必須由另外一個有知識的人把這些知識、構想和資訊當做「投入」，並將之轉化為實質的「產出」。世上最偉大的智慧如果不能化為行動和行為，就只是無意義的資料而已。因此，知識工作者必須做一些勞力工作者不需要做的事情。他必須發揮效能，而不能單純仰賴產出本身的用途，因為他所生產的畢竟不是設計精良的鞋子。

知識工作者是今天高度開發的社會和經濟體（包括美國、西歐、日本等）之所以維持競爭力的主要生產要素。

對美國而言，尤其如此。美國之所以還能享有競爭優勢，主要關鍵就在於教育。美國的教育儘管還有很多地方有待改進，但這樣的教育資源卻遠超過許多貧窮社會所能負擔。教育是最昂貴的資本投資。（早在二十世紀中葉）培育一個自然科學領域的博士就要投入十萬到二十萬美元的社會資本。即使沒有任何特殊專業能力的一般大學畢業生，其實都代表了五萬美元以上的投資。唯有非常富裕的社會才負擔得起這樣的高額投資。

因此，教育是美國這類富裕社會所享有的天然優勢，前提是，美國必須設法讓知識工作者發揮生產力，並且把他們的生產力發揮在完成對的事情，也就是展現高效能。

哪些人是「管理者」？

在現代組織中，如果說知識工作者有責任透過他的職位或知識對組織有所貢獻，而且他的貢獻會實際影響到組織達成經營績效和產生成果的能力，那麼每一位知識工作者都是「管理者」。他或許會影響到企業能否推出新產品或在市場上攻城掠地的能力，或醫院提供病患臨床醫療照護的能力等。這樣的工作者不能只是執行命令而已，而必須自己做決定。他必須為自己的貢獻負起責任，透過他的知識，他應該有能力比其他人做更好的決定。他在組織中也許不受重用，遭到降級處分或甚至解雇，但只要他還在管理者的職位上，就必須設法達成目標，符合標準，有所貢獻。

大多數的經理人都是管理者——雖然並非每個人都是，但在現代社會中，許多非管理職的工作者也逐漸成為管理者，因為知識型組織在需要承擔權責和做決定的職位上，需要「經理人」和「專業貢獻者」兩種角色。

美國報紙曾經訪問在越南叢林作戰的年輕美國步兵上尉，這段報導或許最能說明上述的事實：

記者問：「在這種混亂的情勢中，你要如何指揮若定？」年輕上尉回答：「我在這裡不過是承擔責任的人。如果這些人在叢林中遭遇敵人，不知道該怎麼辦的話，我很可能因為離他們太遠，根本來不及給他們任何指示。所以我的職責是確定他們曉得該怎麼辦，至於他們要怎麼做就完全看情況而定了，唯有他們自己才能做

適當的判斷。該負責任的人一定是我，但無論是誰在現場，他都必須視情況來做決定。」

所以在叢林游擊戰中，每個人都是「管理者」。

許多經理人沒有扮演好管理者的角色。換句話說，許多人雖然擔任別人的上司（而且管的人還不少），但對於組織達成績效的能力卻沒有發揮什麼影響力。許多工廠中的領班都屬於此類。他們完全只是在監督工人工作，但是對於工作的方向、內容和品質或達成績效的方式不負任何的權責。雖然組織仍能根據他們的效率和工作品質，以及勞力工作者的既有衡量指標，來為他們打考績。

相反的，知識工作者究竟是不是管理者，並非視他是否管理別人來決定。某家企業的市場研究人員可能下面配備了兩百名人力，而競爭對手的市場研究人員可能單兵作戰，手下只有一名祕書，然而兩家公司期望市場研究部門帶來的貢獻不會有太大差異，人力多寡不過是行政上的細節罷了。當然兩百個人能做的事情一定比單槍匹馬多很多，卻不一定因此就會產生較大的貢獻。

知識工作不是單憑數量來界定，也不是靠成本來界定，知識工作是經由成果來界定。因此，人力多寡和管理幅度有多大，不見得代表什麼。

市場研究部門人力充沛的話，可能會產生更多的洞見、發揮更多的想像力、研究成果的品質也更高，公司因此更有可能快速成長和成功。果真如此的話，兩百名人力的成本算是很便宜。但同樣的，經理人也可能疲於應付兩百人在工作上和互動中造成的問題。他可能太忙於「管理」，以至於沒有時間好好從事市場研究和制定根本決策。他可能一天到晚都忙著檢查各種數字，以至於從來不曾問：「當我們說『我們的市場』時，真正的意思到底是什麼？」結果，他可能沒有注意到市場的重大變化，導致公司最後一敗塗地。

但是單兵作戰、缺乏幕僚的市場研究人員同樣的也可能很有貢獻，或毫無生產力。公司可能因為他提供的知識和遠見，才得以蓬勃發展，但是他也可能花了太多時間追究細節，就像學者經常誤把下註腳當成研究一樣，以至於沒有好好觀察和聆聽，更遑論思考了。

不負責管人的管理者

每一個知識型組織裡，都有一些人儘管沒有管理任何人，卻扮演管理者的角色。雖然像越南叢林游擊戰的情況十分罕見，在那裡，團體中每一份子隨時都可能需要做攸關所有人生死存亡的大決定。但是當實驗室裡的化學家決定選擇某個研究方向時，他做的決定可能攸關公司未來前途。他可能是研究部門的主任，但也可能是沒有任何管理責任的化學家。同樣的，會計帳上究竟要如何考量某個產品，可能由資深副總裁決定，也可能由較資淺的人員來決定。今天所有大型組織的所有部門都是如此。

這些知識工作者、經理人或專業人員的工作對於組織整體的績效和成果有很大的影響，由於他們的職位或知識，組織預期他們在工作中需要做各種決策，我稱這類人「管理者」。在所有的知識工作者中，他們並非佔絕大多數，因為知識工作和其他任何領域的工作一樣，也包含了非技術性工作和例行工作。但是，和其他任何組織圖呈現的情況比起來，管理者在知識工作者中所佔的比例算是很高。

許多組織試圖在獎勵和表揚制度上提供經理人和專業貢獻者雙軌發展的機會，可見許多組織開始明白這種狀況。許多人不明白，今天無論在企業、政府部門、研究實驗室或醫院——即使在最單調沉悶的組織中——都必須制定決策，因為知識的權威當然和職位的權威同樣具有正當性，而且這些決策和高階主管所做的決策其實沒有兩樣。

我們現在知道，最基層的經理人所做的工作可能和公司總裁或政府機構主管沒什麼兩樣，換句話說，他們也需要規畫、組織、整合、激勵和評估績效。他的管轄範圍或許比較小，但在他的職權範圍內，他仍然是個管理者。

同樣的，每一位決策者都和公司總裁或政府官員的工作性質一樣。他的格局或許頗受侷限，但即使他的功能或名字沒有出現在組織圖或內部通訊錄，他仍是個管理者。

無論他是企業執行長或新人，都必須展現效能。

本書中列舉的許多例子都來自於政府、軍隊、醫院、企業等組織執行長的工作和經驗，主要原因是，我們可以從公開紀錄中找到這些案例，取得這些資料，而且重要案例也比小例子容易分析和觀察。

但本書的主旨並非探討高層人士在做什麼或應該做什麼，而是針對一般知識工作者所負責的行動和決策，目的乃是要對組織績效有所貢獻。本書乃是為我所謂的「管理者」而寫。

管理者面對的四個現實

管理者所面對的現實情況是：一方面要求他提高效能，另一方面又令他很難展現效能。的確，除非管理者努力提高效能，否則在現實情況的壓迫下，他們往往徒勞無功。

先很快看一下組織外的知識工作者面臨的現實狀況，就可以把問題看得更清楚。大體說來，醫生不會碰到缺乏效能的問題。病人走進看診室後，會一五一十報告自己的情況，讓醫生的知識發揮充分的效能。看診的時候，醫生通常可以全神貫注於病人身上，把外界的干擾減到最低。大家預期醫生該有的貢獻也很明確。哪些事情重要，哪些事情不重要，要視病人的病情來決定，病人究竟是哪裡不適決定了醫生的優先順序。目標很明確，就是讓病人恢復健康，或至少讓他覺得比較舒服。醫生並不見得特別懂得自我規畫和安排工作，但是效能不彰的醫生可說寥寥無幾。

然而組織中的管理者碰到的情況就完全不同了，他會碰到四種基本上他完全無法掌控的現實，每一種現實都根深柢固地存在於組織和他的日常工作之中，他毫無選擇，唯有「和不可避免的情況妥協」。基本上，每一種現實狀況都會造成壓力，導致毫無成果和績效：

一、管理者的時間往往掌握在別人手上。

如果有人試圖給「管理者」一個操作性定義，那麼他會把管理者定義為組織的囚徒。每個人都可以插進來打斷他的時間，而且每個人也都這樣做，管理者似乎對此束手無策。他不能像醫生那樣，從辦公室探頭出去，對護士喊一聲：「接下來半小時不要打擾我。」就在這時候，管理者的電話鈴響了，他就得和公司的大主顧或是政府要員或他的頂頭上司通電話，而半小時的時間就這麼過去了。[1]

二、除非積極採取行動，改變生活和工作現況，否則管理者被迫不停地「處

理事情」。

美國人常常抱怨公司總裁或其他高層主管即使已經肩負整個公司的經營重任，仍然持續插手行銷事務或工廠作業。有的人將這個現象歸咎於美國的企業主管往往出身自營運部門，因此即使晉升到需要總其成的管理職，仍然改不掉一輩子的習慣。但是其他國家即使生涯發展軌道和美國很不一樣，仍然可以聽到相同的抱怨。例如在德國，總經理往往從總管理處升上來，那裡的工作人員多半是「通才」，然而德國、瑞典或荷蘭的企業高階主管仍然像美國人一樣，被批評管太多「實際營運作業」。當你仔細觀察各組織時，就會發現這種傾向不只是發生在高層，而是瀰漫於所有管理階層。這種傾向背後一定有什麼原因。

根本問題在於管理者週遭的現實。除非他透過行動，刻意改變這種狀況，否則情勢的演變會決定了他關心什麼和做什麼事。

對醫生而言，視情況發展而應變是適當的做法。當病人走進看診室時，醫生會抬起

❶卡爾森（Sune Carlson）在著作《主管行為》（*Executive Behavior*）中對此有明確說明，卡爾森在針對大企業高階主管的研究中，實際記錄了他們運用時間的狀況。他發現，即使是效能最高的高階主管，時間大部分都被別人的需求佔滿了，而且都花在對他的效能幾乎沒有什麼助益的事情上。事實上，主管通常都沒有什麼自己的時間，因為他們的時間總是被別人的重要事務預先佔據。

頭來問：「你今天是哪裡不舒服？」期望病人會告訴他相關資訊。當病人回答「醫生，我晚上都睡不著。過去三個星期，我完全沒辦法睡覺」時，他等於在告訴醫生優先順序為何。即使醫生詳細檢查後，認為失眠其實只是輕微症狀，反映病人身體出現了更根本的問題，不過他仍然會設法幫助病人有幾晚好眠。

然而事件本身很少能告訴管理者任何事情，更遑論真正的問題了。對醫生而言，病人的抱怨很重要，因為它透露出病人的核心問題。管理者面對的情況則複雜多了。周遭發生的事件或情況不會自行透露出哪些比較重要而相關，哪些事情根本無關緊要，只會分散注意力。病人的敘述是醫生診斷的重要線索，而對管理者而言，發生的諸多事情甚至連症狀都不算。

如果管理者讓不斷冒出來的各種事情決定了他的工作內容及他關心的焦點，那麼他就是把時間浪費在「處理事務」上。他可能是個出色的人才，但是他絕對浪費了自己的知識和才能，同時也拋棄了他或許能發揮的一點點效能。管理者需要建立起一套標準，讓自己能專注於真正重要的事情上，也就是專注於貢獻和成果。

三、一個令管理者缺乏效能的現實是，唯有當組織裡其他人利用管理者的貢獻時，他才算真的有成效。

組織是讓個人長才發揮相乘效應的工具，組織運用個人所擁有的知識，讓它成為其他知識工作者的資源和驅動力。知識工作者彼此的步調通常都不一致，每個人都有自己的專業技能和關心的事務。某個人可能對稅務會計、或細菌學、或訓練和培育市政府未來的行政主管感興趣，但隔壁的某個傢伙感興趣的可能正好是成本會計、醫院的經濟學、或城市憲章的合法性。每個人都必須設法運用到其他人的產出。

通常最影響管理者效能的都不是他能直接掌控的對象，而是其他領域的人，或管理者的上級。除非管理者的貢獻對他們有用，否則就毫無效能可言。

四、最後一個現實是，管理者乃置身於組織內部。

每一位管理者，無論他的組織是企業或實驗室、政府機構、大學或空軍，都把組織內部視為最密切相關而立即可見的現實，他們往往只透過扭曲的厚鏡片來觀察外界，無法直接得知外界發生了什麼事，而是透過組織的過濾器，從報告中得知外界狀況，換句話說，他們所了解的外界是別人已經預先消化過的資訊，是根據組織的標準來判定外界現實的重要性、以摘要形式表達的資訊。

但組織本身就是個抽象概念。即使最龐大的組織，和組織置身的環境現實比起來，都顯得非常不真實。

尤其是組織內部根本沒有成果可言，所有的成果都顯現於組織之外。例如，組織唯一的商業成果乃是由顧客所締造，由於顧客願意以購買力換取企業所提供的產品或服務，企業的成本和努力因此轉化為營收和利潤。顧客也許是根據市場供需，站在消費者的立場做決定，或崇尚社會主義的政府可能因為非經濟性的價值偏好，而管制供給和需求。無論是以上哪一種情況，決策者都身在企業之外，而非置身於組織內部。

同理，醫院的成果乃展現在病患身上。但病患並非醫院的一份子。對病患而言，唯有待在醫院時，醫院才是「真實」的。他殷切期盼能早日回到「非醫院」的世界裡。

無論是任何組織，內部產生的只有付出的努力和成本。大家平常喜歡說的「利潤中心」只不過是一種客氣委婉的說法罷了，事實上應該只有「努力」中心。組織為了產出成果需要做的事情愈少，組織的表現就愈好。如果需要十萬名員工才能生產出市場需要的汽車或鋼鐵，那麼可以說是工程上的嚴重瑕疵。人力愈精簡、規模愈小、活動愈少，這樣的組織就愈臻完美，愈接近它原本存在的目的——為周遭環境提供服務。

外界環境才代表真正的現實，但卻遠非組織內部能有效掌控，充其量是由內部和外界共同的行動來決定成果，例如戰爭的結果是由交戰雙方軍隊的行動和決策共同達成的。企業或許會試圖透過促銷活動和廣告，來形塑顧客的偏好和價值。但除非碰到極度短缺的情況，例如戰時的經濟狀況，否則最後的否決權仍然操在顧客手中。（這也說明了為何所有的共產經濟體一旦脫離了極端短缺的狀態，但尚未達到充足供給時，就開始碰到問題，因為等到市場供給充裕時，真正掌握購買決定權的就不再是政府，而是顧客。）但由於對管理者而言，最立即可見的是組織內部的情況，所以他看到的往往都是組織內部。組織內部的種種關係和聯絡對象、問題和挑戰、歧見和耳語都會傳到他耳中，也對他產生影響。除非他願意付出額外的心力，設法接觸到外界現實，否則他會愈來愈向內看。他在組織中的層級愈高，注意力就會愈集中在內部的問題和挑戰，而不是外界的變化。

克服「電腦病」

組織是社會的產物，和生物有機體截然不同。然而組織運作遵循的法則仍然和支配動植物結構和大小的法則沒什麼兩樣。動物的體積愈大，就必須投入愈多資源到質量的增長和內部生理機能、循環系統、神經系統、訊息傳遞系統等等上面。

阿米巴變形蟲的每個部分都和環境有經常性的直接接觸，因此不需要任何特殊器官來感應環境的變化或支撐住整個身體。但像人類這種比較龐大複雜的動物，就需要骨骼的支撐，還需要各種特殊器官來攝取食物、消化吸收和呼吸、將氧氣送達體內組織、以及進行生殖作用等等。人類尤其需要大腦和許多複雜的神經系統。而阿米巴大部分的質量都直接和它的生存及繁殖有關。比較高等的動物絕大部分的質量（包括其資源、食物、能量供應和體內組織等）均用來克服複雜結構的限制，避免與外界過於隔絕。

和動物不一樣的是，組織並不以本身的存續為目的，然而動物卻以能繁衍後代、延續物種為成功。組織是社會的有機體，透過對外在環境做出貢獻而實現自我。然而當組織愈大、愈成功，管理者就愈會將大部分的興趣、精力和能力投注於內部事務，愈無法顧及他們對外界的真正任務和自己的效能上。

日新月異的電腦和資訊科技令情況更加危險。電腦只能機械化地處理量化資料，但處理速度很快，準確度也很高。因此，電腦能大量處理過去不可能處理的量化資訊。不過，我們只能將組織內部的情況量化，例如成本和生產數字、醫院中關於病患的統計數字或訓練報告等等。我們通常很少獲得有關外界重要情況的量化資訊，即使能取得資訊時，可能也為時已晚，採取任何應變措施都來不及了。

問題不在於我們蒐集外界資訊的能力落後於電腦的技術能力。如果只需要擔心這個問題的話，我們大可把更多心力花在統計上，而電腦將幫助我們克服這種機械性的限制。問題是，重要且相關的外界事件往往只能質化，無法量化，還不能算是「事實」。

畢竟事實乃是已有明確定義、並經過分類和賦予關連性的事件。量化之前，必須先有概念，必須先從無數雜亂的現象中，提煉出某個可以命名和計算的特殊面向或特質。請看看以下兩個例子：

沙利竇邁（thalidomide）曾經在歐洲造成許多畸形兒誕生的悲劇。等到歐洲的醫生掌握了充分的統計數字，注意到當時畸形兒誕生的數目遠高於正常情況時，傷害早已造成。美國之所以能避免發生這樣的悲劇，是因為有一位公共衛生醫師察覺到質的變化，他發現這種藥物會引起皮膚刺痛。他從這件看似不重要的小事聯想到幾年前發生的事件，並且在美國人尚未普遍使用沙利竇邁之前就發出警訊。

一九五〇年代中期，福特汽車公司推出的新車型 Edsel 也提供了類似的教訓。福特公司在推出 Edsel 前，已經盡量蒐集了所有能取得的量化數據，而所有的數據都顯示這是符合市場需求的正確車型。然而，沒有任何統計數字能顯示出美國消費者購車行為在質方面的變化，過去消費者購買哪一款車型乃是視收入高低來決定，如今卻變成看個人品味來選擇的區隔市場。等到統計數字顯示出這樣的變化時，為時已晚，Edsel 在市場上已慘遭滑鐵盧。

外界發生的種種狀況真正重要的不在於趨勢，而是趨勢的變化，趨勢的變化最終會決定組織的成敗和應該投入多少力氣。不過我們必須察覺這些變化，而無法計算、定義或將它分類。雖然有時透過分類仍然能得出預期數字，就如同福特 Edsel 汽車的情形一樣，但是數字不再能反映實際的行為。

電腦是一種邏輯機器，這是電腦的優點，也是電腦的限制。外界的重要情況往往無法透過電腦能處理的形式（或其他邏輯系統）完全顯示出來。人類儘管邏輯能力不見得特強，卻有敏銳的感知能力，而這就是人類的優勢所在。

危險之處在於，管理者會對於無法化約為電腦邏輯和電腦語言的資訊和外界刺激嗤之以鼻，對於所有並非事實、需靠感知能力察覺的狀況視而不見。結果龐大的電腦資訊反而令他們看不清現實。

電腦可能是到目前為止最有用的管理工具，電腦終究必須設法讓管理者意識到自己與外界隔絕，同時協助管理者花更多時間在掌握外界情勢上。然而短期內，「電腦病」仍然是嚴重的問題。

電腦只能顯示已存在的既定事實。管理者必須在組織內部工作和生活，除非他們刻意察覺外界的變化，否則可能會受到內部事務所遮蔽，以至於看不見真正的現實。

管理者無法改變上述的四種現實，這些現實都是管理者存在的必要條件，但他必須認清，除非他付出額外努力、學習如何提高效能，否則他就會達不到工作成效。

世上沒有萬能天才

要提高管理者的績效、成就和滿意度，唯有在提高效能方面多下工夫。

我們當然可以網羅在各方面才幹更出眾的人，也可以找到知識更廣博的人才。不過我認為，在這些方面能做的非常有限，我們或許已經到了竭盡所能的地步，但無法一廂情願地以為可以培育出新一代的超人，所以經營組織時，我們必須善用既有的人力。

比方說，許多有關主管培育的書在描繪「未來經理人」時，都想像真的有一種博學多聞、多才多藝的人才，可以通過各種考驗而屹立不搖。大家總是說，高階主管應該具備分析家和決策者的特殊才幹、善於和他人合作、了解組織和權力關係、數學很好，而且還能有藝術家的眼光和創意十足的想像力。似乎大家渴望看到的是萬能的天才，而這種人才從來都很罕見。人類過往經驗顯示，世上絕大多數的人都無法樣樣精通。因此組織在用人的時候，只好善用頂多能在其中一項才能展現卓越水準的人才，而他們很可能在其他方面都表現平平。

我們必須學習如何營造適當的組織環境，好讓任何重要領域的專才都能在組織中充分發揮所長（我們在〈習慣3〉一章將詳細討論這個主題）。但是我們不能期望藉由提高對管理者能力的要求，來達成需要的績效，更遑論找到萬能天才了。工欲善其事，必先利其器。我們必須設法強化他們使用的工具，擴大他們的能力範圍，而不能期望他們在突然之間出現能力上的大躍進。

在知識方面，也是如此。無論我們是多麼迫切需要知識更廣博或更專精的人才，很可能都需要花很大的力氣，得到的報酬卻不成比例。

當「作業研究」這門學問剛興起時，許多年輕的傑出學者列出未來作業研究人才所需具備的條件。他們要求的人才都必須是博學多聞的萬事通，在人類所有的知識領域都能有富於原創性的卓越表現。根據其中一項研究，作業研究人才必須在六十二個重要科學和人文學門具備高深的知識。如果真能找到這樣的人才，我恐怕他把才能用在研究庫存水準或規畫生產時程上，也是莫大的浪費。

野心較小的主管培育計畫則要求未來的主管具備會計、人事、行銷、訂價和經濟分析等多種技能，了解心理學之類的行為科學，並且具備從物理、生物到地質學的自然科學知識。未來的管理人才當然還需要了解現代科技的變化、世界經濟的複雜性，以及現代政府錯綜複雜的運作方式。

然而以上列出的每個領域都是大學問，即使其他什麼都不做，單單要專精其中一門學問都很不容易。學者通常都只專精其中某個領域的一小部分，而且不諱言他們對於這個領域的其他部分其實也相當外行。

但並不是說我們不需要設法對每個領域有一些基本理解。

今天無論在企業界、醫療界或政府部門，許多受過高等教育的年輕人都有一個弱點，他們滿足於自己精通的狹窄專業，因而看不起其他領域的知識。雖然我們就像會計師一樣，不需要鉅細靡遺地了解「人際關係」的運作，或和工程師一樣，不懂得如何促銷新產品也沒有關係，但是每個人都有責任至少設法了解別的領域究竟在說什麼、為什麼存在，以及在做什麼事情。優秀的泌尿科醫生不需要懂精神醫學，但是他最好大略曉得精神醫學是一門什麼樣的學問。即使你不是國際法專家，也可以在農業部有出色的表現，可是你最好對國際政策有相當的了解，以免在制定地方性農業政策時，在國際間造成損害。

但這和萬事通或萬能天才是截然不同的兩回事。相反的，我們必須學習如何善用任何領域的專才，我的意思是提高他們的效能。如果你無法增加資源的供應，就必須提高良率。而效能就是一項有力工具，讓才能和知識資源能有更高的產出和更好的成果。

因此出於組織的需求，管理者必須把提高效能列為首要之務，甚至比管理者的各項工具都更重要，同時效能也是管理者能否有所成就和達成績效的關鍵。

高效能是可以學習的嗎？

如果效能是一個人與生俱來的天賦，就像音樂天賦或繪畫天分一樣，那麼可就糟了，因為大家都曉得，在音樂或繪畫方面，真正偉大的天才可說寥寥無幾。我們只好盡可能及早發現有潛力展現高效能的人才，並且盡力訓練他們，開發他們的才華。但是我們幾乎不可能靠這種方式，在現代社會中挖掘到充足的管理人才。的確，如果高效能是一種天賦，那麼目前的人類文明將非常脆弱。大型組織的文明發展有賴於大量供應能展現一些效能的管理人才。

如果效能是可以學習的，那麼接下來的問題是：效能究竟能在哪些地方顯現？我們需要學習什麼？這屬於哪一種類型的學習？是我們能透過吸收觀念，系統化學習的知識嗎？還是要透過師徒制學習？還是必須從做中學，反覆練習同樣的基本動作？

多年來，一直有人問我這些問題。身為企管顧問，我曾和許多組織的管理者共事，對我而言，效能的重要性在於兩方面：第一，只擁有知識而沒有職權的顧問必須展現效能，否則就一無是處。第二、效能再高的顧問都必須仰賴客戶組織中的員工來完成工作，因此，組織裡各員工的效能決定了顧問是否有所貢獻、達到成效，或只不過耗費成本或頂多是個宮廷弄臣罷了。

我很快就明白，根本沒有所謂「高效能人格」這回事。❷我所見過的高效能管理者無論在性情、能力、做的事情和做事方法，或個性、知識與興趣等各方面，都大不相同——事實上，人與人之間的所有差異幾乎都同樣出現在管理者身上。而他們唯一的共通點是，都有能力完成對的事情。

在我所認識和共事過的高效能主管中，有的人個性外向，有的人害羞靦腆；有的人性格古怪，有的人極端順從；有的胖，有的瘦；有的人愛操心，有的人很放鬆；有的人喝酒喝得很兇，有的人滴酒不沾；有的人熱誠溫暖，魅力十足，有的人則毫無個性。他

❷耶魯大學的阿吉瑞斯教授（Chris Argyris）在哥倫比亞大學企管研究所一次未公開的談話中曾經論及這點。根據阿吉瑞斯教授的說法，「成功」的管理者有十個特質，包括「對挫折的高度容忍度」、了解「競爭法則」或能「認同團體」。如果這真的是我們需要的管理者性格，那可就糟了。有這種特質的人並不是太多，而且沒有人知道該如何培養這樣的性格。幸好我認識許多高效能的成功主管，他們都缺乏阿吉瑞斯提及的大多數特質。我也認識一些人，雖然符合阿吉瑞斯的描繪，卻都格外缺乏效能。

們之中只有少數人符合一般人心目中的「領導人」形象。但同樣的，他們之中有的人平淡乏味，在眾人之中完全不會吸引別人的目光；有的人是認真的學者，有的人則沒受過什麼教育；有的人興趣廣泛，有的人除了自己的專業領域外，什麼都不曉得、也不關心；有的人非常自我中心，但也有一些人慷慨而寬容；有的人成天只曉得工作，其他一些人則對社區工作、在教會服務或研究中國詩詞、現代音樂有興趣。在我所認識的高效能管理者中，有的人很會運用邏輯分析，有的人則主要仰賴感覺和直覺；有的人覺得做決定很容易，有的人則每遇到需要有所決定時都十分煎熬。

換句話說，高效能管理者各不相同，就好像醫生、高中老師或小提琴家之間的差距一樣。他們和缺乏效能的人一樣，每個人之間都有很大的差異，因此很難從型態、個性和才能來區分一個人是否有效能。

所有高效能管理者的共通之處在於能令他們展現高效能的做法。無論這些高效能管理者是在企業或政府機構上班、擔任醫院主管或大學系主任，他們都有一些相同的做事方法。

但是我發現，每當我看到某個人沒有遵循這套做事方法時，無論他們的才智再高、想像力再豐富、學識再淵博，也無論他從事什麼行業，他們都缺乏效能。

換句話說，效能是一種習慣，是一系列的做法，而做法是可以學習的。做法通常都非常簡單，即使七歲小孩都不難理解，但要做得好，也非常困難，必須經過不斷練習，才能真正養成高效能的習慣，就好像我們小時候背九九乘法表，也就是說，我們必須反覆背誦，直到「六六三十六」變成不加思索就可以脫口而出的反射動作和根深柢固的習慣。必須靠不斷地練習、練習、再練習，才能養成高效能的習慣。

每一種做法都適用於小時候鋼琴老師生氣地對我說的話：「你永遠也沒辦法像許納貝爾（Arthru Schnabel）那樣彈莫札特的曲子，但是你沒有任何理由不能把音階練習彈得像他一樣好。」鋼琴老師忘記說的是（或許因為對她而言實在太明顯了），再偉大的鋼琴家如果不肯好好彈音階練習，而且不斷練習，他們都無法彈好莫札特的曲子。

換句話說，任何人都沒有理由以資質平庸為由，說自己學不會高效能的習慣。如果要成為某個領域的大師，可能需要一些特殊天份，或許有些人力有未逮，但要養成高效能的習慣，只需要具備足以勝任的能力即可，換句話說，需要的只是彈好「音階練習」的基本能力而已。

五種高效能的習慣

高效能的習慣總共有五種，每個高效能的管理者都必須養成這些習慣：

一、高效能的管理者知道自己把時間都花到哪兒去了。他們有系統地管理自己能夠掌控的有限時間。

二、高效能的管理者專注於對外的貢獻。他們將所有的努力聚焦於成果上，而非為工作而工作。他們一開始就問：「他們期待我達到什麼樣的成果？」而不是一心只想著需要完成的工作，或是其中牽涉的技術和工具。

三、高效能的管理者善用人之所長，包括自己的長處，以及上司、同事和部屬的長處，他們重視的是能做什麼，而不是著眼於別人辦不到的事情。

四、高效能的管理者聚焦於能以卓越表現達成出色成果的少數領域。他們迫使自己設定優先順序，並且堅持依照優先順序行事。他們知道自己別無選擇，唯有先做最重要的事情，否則就會一事無成。

五、高效能的管理者會做有效的決策。他們知道畢竟這是系統問題——依循正確順序採取的正確步驟。他們知道有效的決策一向都是根據「不同的意見」所產生的判斷，而不是出於「對事實的共識」。他們知道如果要在短時間做很多決定，就表示會做錯決定。需要的是少數幾個最重要的根本決定。需要的是正確的策略，而不是花俏的手段。

這些就是管理者發揮效能的要素，也是本書的主題。

THE Effective Executive

如何養成高效能的習慣

- 管理者的職責就是達到工作成效。
- 高效能管理者無論在性情、能力、做的事情和做事方法，或個性、知識與興趣等各方面，都大不相同。而他們唯一的共通點是：都有能力完成對的事情。
- 在現代組織中，如果說知識工作者有責任透過他的職位或知識對組織有所貢獻，而且他的貢獻會實際影響到組織達成績效和產生成果的能力，那麼每一位知識工作者都是「管理者」。
- 組織中的管理者會碰到四種他完全無法掌控的現實，每一種現實都根深柢固地存在於他的日常工作中：

一、管理者的時間往往掌握在別人手上。

二、除非積極採取行動，改變現況，否則管理者會被迫不停地「處理事情」。

三、唯有當組織裡其他人利用管理者的貢獻時，他才算真的有成效。

四、管理者置身於組織內部。除非他設法掌握外界現實，否則會愈來愈向內看。

●高效能的管理者必須養成五種高效能的習慣：

一、高效能的管理者有系統地管理自己能夠掌控的有限時間。

二、高效能的管理者專注於對外界的貢獻，將所有的努力聚焦於成果上，而非工作上。

三、高效能的管理者善用人之所長。

四、高效能的管理者迫使自己設定優先順序，並且堅持依照優先順序行事。

五、高效能的管理者做有效的決策。

習慣1

了解你的時間

大多數有關管理工作的討論，提出的第一個忠告都是好好規畫你的工作，聽起來很有道理，唯一的問題是這一招通常都行不通。許多計畫儘管立意良善，卻總是停留在紙上談兵的階段，很少轉化為實際的成果。

就我的觀察，高效能管理者不會從任務著手，而會從時間著手，而且他們在規畫之前，會先弄清楚自己平常把時間用在哪些地方，然後試圖管理時間，減少沒有生產力的時間需求。最後，他們會盡可能把零碎片段的時間整合為可連續運用的大量完整時間。

以下的時間管理三步驟是提高管理者效能的重要基礎：

● 記錄時間；

●管理時間；
●整合時間。

時間是無法替代的資源

高效能管理者明白時間乃是一項限制性因素。任何流程的產出都會受到「時間」這個稀有資源的限制。

時間是一種獨一無二的資源。在其他各種重要資源中，金錢其實是頗充裕的資源。我們很久以前就應該了解到，真正限制經濟成長和經濟活動的是對資金的需求，而非資金的供給。至於第三個限制性的資源——人力，則可以透過雇用的方式獲得（雖然優秀的人才總是不易找到）。但我們無法透過租用、雇用、購買的方式而獲得更多時間。

時間的供給毫無彈性，無論需求多麼高漲，供應量仍然不會因此增加。更糟糕的是，時間會消失不見，無法儲存起來。昨天的時間已經完全消逝，永遠不復返。因此，時間總是極度匱乏，供給不足。

真的，時間是完全無法取代的資源。我們在一定範圍內，可以用一種資源取代另外一種資源，例如以銅取代鋁，以資本取代勞力，我們也可以設法運用更多的知識或勞力，但時間卻是無法取代的。

每件事都需要花時間，時間是真正的普遍性條件，所有的工作都必須及時完成，並且會消耗時間。然而大多數人卻把這個無法取代、不可或缺的獨特資源視為理所當然。或許高效能管理者最大的特色就在於他們珍惜時間的方式。

一般人都不懂得管理時間。

雖然人類和其他生物一樣，都有「生理時鐘」（凡是曾搭機飛越大西洋的人都會發現這點），但許多心理實驗都顯示，人類仍缺乏穩定的時間感。如果把人關在不見天日的房間裡，他們立刻會失去所有的時間感，即使在完全黑暗中，大多數人仍然可以維持原本的空間感。但大多數人只要關在房間裡幾個小時，即使燈亮之後，他們仍無法估計到底過了多少時間。他們要不就是低估了自己待在房間的時間，要不就是高估。

所以如果單憑記憶，我們根本不知道自己總共花了多少時間。

我有時候會請一些對自己的記憶力十分自豪的管理者，寫下他們平常都把時間花在哪裡，然後把他們的推估鎖在抽屜裡幾個星期，同時請這些管理者實際記錄他們每天運用時間的情況。結果他們猜想自己運用時間的方式和實際紀錄之間往往有很大的差異。

有一位公司董事長非常篤定地說，他把時間分成三部分：他認為自己平常都花三分之一的時間和高階主管談話，三分之一和重要客戶聯絡，另外三分之一投入社區服務。結果六個星期的實際活動紀錄清楚顯示，他幾乎沒有花什麼時間在上述三種活動上，只是他一向認為自己應該花時間做這些事情，所以向來很幫忙的記憶力也就告訴他，他花了很多時間在這些事情上。不過實際紀錄則顯示，他大部分的時間都在扮演調度員的角色，不停打電話騷擾工廠，幫他認識的客戶追蹤訂單處理狀況。其實這些訂單無論如何都不會有什麼問題，而他的干預只會拖慢流程。但是當祕書把時間紀錄表拿來給他看的時候，他起初簡直無法相信。後來祕書又幫他記錄了兩、三次以後，他才相信。談到時間運用的問題時，紀錄遠比記憶可靠多了。

因此，高效能的管理者都知道，如果想要好好管理時間，首先必須知道自己把時間花在哪些事情上。

管理者的時間需求

我們經常面臨一種壓力，即我們在時間運用上毫無生產力，只是在浪費時間。任何管理者，無論他是否擔任經理人，都必須花很多時間在沒有任何貢獻的事情上，許多時間不可避免地浪費掉了。他在組織中的層級愈高，組織對他的時間就有愈大的需求。

有一家大公司的領導人有一次告訴我，他當上執行長不到兩年，除了聖誕節和新年的少數時間外，幾乎每個晚上的時間都「被吃掉了」，每天晚餐都是肩負「官方」功能的飯局，每一頓晚飯都要花好幾個小時。不過他看不出有任何可能的替代方案。不管他參加的晚宴是為了歡送服務滿五十年的資深員工榮退，或者宴請和公司有生意往來的州政府首長，執行長都必須出席。這類儀式原本就是他工作的一部分。我的朋友明知這些晚宴不管對公司、他自己的娛樂休閒或自我發展，都沒有什麼實質貢獻，不過他還是必須出席，而且必須展現風度，優雅地用餐。

每一位管理者的生活都充斥著這類浪費時間的活動。當公司的大主顧打電話來時，業務經理不能說：「我現在很忙。」即使客戶只不過想和他聊聊星期六晚上的牌局或女兒進入好大學的可能性，他都必須專心聆聽。醫院主管必須參加醫院委員會的每一次會議，否則醫生、護士或技師可能會覺得不受重視。而當國會議員打電話來，索取只需隨手翻一翻電話簿或世界年鑑就可以找到的資訊時，政府官員最好多花一些心思注意他的需求。如此這般，整天都有一堆這類的事情。

即使不是經理人，情況也沒有好多少。每天仍然有一堆毫無貢獻、但又不容忽視的事情佔滿時間表。

所以每一位管理者的工作中，都有大部分的時間浪費在雖然必須完成、卻沒什麼實質貢獻的事情上。

管理者大部分的工作即使只要求很低的成效，都會耗費大量的時間，所以如果每一次的努力連最低效能都達不到，就純粹是在浪費時間，結果一事無成，必須一再重來。

比方說，寫報告可能要花六到八小時的時間，至少草擬初稿時需要花這麼多時間。所以，如果你的做法是連續三個星期，每天都騰出兩段時間寫報告，每次只花十五分鐘的時間，簡直毫無意義，結果最後根本沒寫出幾個字。但是如果你可以鎖上房門，拔掉電話線，坐下來花五、六個小時，不受干擾地全力對付這份報告，你很有機會可以擬出一份「零號」草稿——初稿之前的草稿。以這份草稿為基礎，接下來的工作還真的可以利用零碎時間分批完成，你可以一章章、一段段、一句句地改寫、修正和編輯草稿。

做實驗時也是一樣。你需要先空出五到十二個小時安裝儀器，把整個實驗至少完整地跑一遍，否則萬一實驗中斷，你就得從頭來過。

因此每一位知識工作者，尤其是管理者，如果要展現效能，都必須能完整地支配時間。東一點、西一點零碎運用的時間往往不夠，即使加起來的總量有很多小時也一樣。

花時間做和人有關的事情時，更是如此，與人相關的工作原本就是管理工作的核心。人類是時間的消耗者，而大多數人都很會浪費時間。

如果你只花幾分鐘的時間在別人身上，簡直毫無生產力可言。如果你想要和別人溝通任何事情，就必須花相當的時間才有效果。如果經理人以為他可以花十五分鐘和部屬討論計畫、方向和績效問題（許多經理人還真的這麼認為），那麼他就是在自欺欺人。如果管理者希望能透過溝通來發揮一些影響力，那麼他可能至少需要花一小時的時間，而且通常一小時還不夠。如果他希望建立良好的關係，那麼就需要花更多時間。

和其他知識工作者維繫關係，尤其需要耗費大量的時間。無論原因為何，或許因為知識型工作在上下之間較無明顯的層級之分或職權障礙，又或許只因為知識工作者比較認真看待自己的工作，因此比起體力勞動者，知識工作者花更多時間和上司及同事溝通。而且由於我們無法按照評估體力勞動者的方式來衡量知識工作者的績效，因此也無法簡單用三言兩語，告訴知識工作者他做得對不對或好不好。你可以告訴一般勞工：「我們的工作標準是一小時完成五十件，而你才完成四十二件。」但你必須先和知識工作者一起坐下來，討論他應該做什麼，以及為什麼要這樣做，才清楚你是否滿意他的表現，而這樣做是很花時間的。

由於知識工作者乃是靠自我管理，因此他必須了解組織期望他達到什麼成果，以及為什麼如此。他也必須了解哪些同事需要應用到他產出的知識，以及他們的工作內容為何。所以他需要很多資訊，也需要和別人討論及給別人指示——而所有的一切都很花時間。和一般人的想法不同的是，不只和上司溝通需要花時間，他還需要花很多時間和同事溝通。

如果想要達成任何成果或績效，知識工作者必須專注於成果，同時把焦點放在整個組織的績效目標上。換句話說，他必須設法挪出時間，把目光從工作轉移到成果上，從自己的專長轉移到外面的世界，因為唯有在外界才看得到他真正的績效。

在大組織中，無論知識工作者表現如何，高階主管都會定期花時間和他們一起坐下來，詢問：「對於你的工作，你覺得有哪些事情我們應該知道？你對組織有什麼看法？

你看到哪些我們沒有充分利用的機會？哪些我們視而不見的危險？總而言之，你希望從我這裡知道什麼關於組織的事情？」

無論在政府機構或企業界、在實驗室或軍中，都需要像這樣的輕鬆交流。否則的話，知識工作者要不就是喪失熱情，變成時間的奴隸，要不就只把精力花在自己的專業上，完全無視於組織的機會和需求。但是像這樣的交流需要大量的時間，尤其是這類談話需要在從容不迫、輕鬆自在的情況下進行。參與談話的人應該覺得：「我們手上有大把的時間可用。」事實上，這句話表示你可以在很短時間內完成很多工作，但也表示你必須能完整運用大量時間，而不會受到太多干擾。

調和人際關係和工作關係是很耗費時間的事情。如果處理過程太過倉卒的話，甚至可能產生摩擦。然而任何組織都仰賴這樣的交流與融合。人們愈常在一起，就會花愈多時間互動，能夠拿來工作和產出成果的時間也愈少。

管理文獻很早就出現「控制幅度」的理論，主張每個人只能管理一起工作的少數人（比方說，一個會計師、一個業務經理和一個製造人員，三個人必須彼此合作，才能完成工作）。另一方面，不同城市的連鎖店經理不需要彼此合作，所以無論有多少人同時向地區副總裁報告，都不會違反「控制幅度」的原則。不管控制幅度的說法對不對，無疑需要分工合作的人愈多，就需要花愈多時間在彼此「互動」上，而不是把時間放在工作和達成成果上。大型組織往往耗費管理者的大量時間，但也就這樣創造出自己的實力。

因此組織愈大，管理者實際擁有的時間就愈少，他就愈需要曉得自己把時間都花在哪裡，並且好好管理他可以支配的少量時間。

組織成員愈多，就愈需要做各種與人相關的決策。但是倉卒制定的人事決策很可能是錯誤的決策。好的人事決策需要的時間簡直多得驚人。管理者往往要反覆思量、再三斟酌後，才清楚應該如何做決定。

根據我對高效能主管的觀察，有的人做決定很快，有的人很慢。但毫無例外的是，他們碰到人事決策時都慢慢來，而且在真正定案前，都三番兩次改變決定。

根據報導，全世界最大的製造公司通用汽車前總裁史隆從來不在第一次面對人事決策時就做決定。他通常都先做初步判斷，而即使這個暫時性的決定，他通常要花好幾小時的時間思考。然後，幾天或幾星期後，他會重新考慮這個問題，彷彿他過去從來不曾思考過這個問題似的。唯有當他一而再、再而三都想到同一個名字時，才願意繼續往下做決定。史隆知人善任的好眼光十分有名，但別人問他有什麼祕訣時，據說他回答：「沒有什麼祕訣，我只是認為，我腦子裡想到的第一個名字有可能是錯的。因此我做最後的決定之前，都會反覆思考和分析，多斟酌幾次。」然而史隆平常並不是個很有耐性的人。

大多數管理者做的人事決策都沒有這麼大的影響力，但是我見過的高效能管理者都了解，如果他們想做正確的人事決策的話，必須連續花好幾個小時來思考，中間不能受到任何干擾。

當一家中等規模的公立研究所主任必須設法讓一位高階主管去職時，他充分體會到上述做法的重要性。他手下這位五十多歲主管一輩子奉獻給這所研究機構。在多年盡忠職守之後，他的工作表現急轉直下，顯然應付不了職務的要求。研究所主任不便開除這個人，他當然可以將他降級，但這樣一來，會毀了這位多年來盡忠職守、貢獻良多的老臣，而公司虧欠他許多。然而這個人顯然已經無法勝任管理職了，他的缺點太過明顯，會傷害整個研究所的績效。

研究所主任和他的副手討論過好幾次，都想不出什麼好辦法。但是有一天晚上他們坐下來，花三、四個小時，在不受干擾的情況下，安靜地討論這個問題，「顯而易見」的解決方案突然就冒了出來，而且答案是如此簡單，他們兩人都想不透為什麼之前都想不到這個辦法。他們應該將這個人調離目前這個不適當的職位，讓他在新職位上有所發揮，但新職位不會要求他展現他沒有能力達到的管理績效。

究竟應該把誰納入研究某個特殊問題的任務小組？應該賦予新單位的經理人或舊單位的新主管什麼職責？究竟應該拔擢行銷知識豐富、但欠缺技術訓練的人到某個職位上，還是選擇缺乏行銷背景的一流技術人才？碰到這類問題時，都需要連續運用大量時間，不受干擾地思考。

與人相關決策往往很花時間，原因很簡單，因為上帝創造人類時，並沒有把人當成組織的資源來打造，因此當組織要求員工完成某項任務時，員工的大小形狀並非完全符合需求，但也無法根據任務的要求重新改造員工，他們頂多只能做到「大致符合」需求而已。因此如果想要員工完成任務（因為沒有其他可用的資源），就必須花很多的時間，充分思考和判斷。

東歐的斯拉夫農民有一句諺語：「腳上沒有的，一定會在腦子裡。」這或許是另類的能量守恆定律。我們從「腳力」工作（靠體力勞動的工作）拿掉愈多的時間，就需要花愈多時間從事「腦力」工作，也就是知識性工作。我們讓基層勞工、機械工人和職員的工作變得更輕鬆時，知識工作者的工作量就愈大。你無法「從工作中移除知識」，你總是需要把知識放回某個地方，而且知識的量會更大、整合性更強。

我們對知識工作者的時間需求不會變得愈來愈少。原本每週工作四十小時的機械操作員，可能慢慢只需要每週工作三十五小時，就可以過很舒服的日子。但是，機械工人的休閒時間乃是用知識工作者的長時間工作換來的。今天並非只有工業化國家的管理者抱怨休閒時間不夠，相反的，全世界每個地方的管理者工作時間都變長了，需要滿足更大量的時間需求。管理者時間不夠用的問題只會愈來愈嚴重。

其中一個主要原因在於：今天必須靠不斷創新求變的經濟型態才能維持高水準的生活，但要創新求變，管理者就必須付出大量的時間。每個人在短時間內可以想到和做到的，通常只是他已經曉得和已經做到的事情。

很多人試圖探討二次世界大戰後，英國經濟為何嚴重下滑。其中一個原因當然是老一輩的英國生意人想和員工一樣輕鬆度日，每天不要花太多時間工作。但是除非他們的生意和行業固守傳統型態，拒絕創新和改變，否則不可能維持這樣的工作方式。

因此，無論出於組織的需求、員工的需求，或基於創新和求變的需要而投入大量時間，管理者都必須愈來愈講求時間管理。但是除非你了解自己的時間都花到哪裡去了，否則根本不可能管理時間。

如何診斷自己的時間

要了解自己究竟把時間花到哪裡去，就必須先記錄時間運用的方式。自從二十世紀初興起的科學管理開始記錄各種勞力工作所需時間後，我們就比較了解勞力工作所花的時間。今天每個國家的工廠都會系統化地計算勞力工作者的作業時間。

我們一直把這個知識應用在時間因素不算太重要的勞力工作上，也就是說，就勞力工作而言，運用時間和浪費時間的差別主要反映在效率和成本上。但是我們卻沒有把這個方法應用在愈來愈重要、而且特別需要時間管理的工作上——也就是知識工作，尤其是管理者的工作。在這類工作中，運用時間和浪費時間的差異乃反映在效益和成果上。

因此，管理者追求效能的第一步就是記錄自己如何運用時間。

不需要太在意應該用什麼方式來記錄時間運用的方式。有的管理者自己記錄時間日誌，有的人（例如剛剛提到的公司董事長）要求祕書幫他們記錄。重要的是

要做記錄，而且必須是「即時」的記錄，也就是在事件發生時，就把所花的時間記錄下來，而不是事後再根據記憶補記。

許多管理者持續記錄時間，並且定期檢視時間日誌。高效能管理者每年至少都會兩度記錄這樣的時間日誌，每次持續三到四個星期。每次記錄完之後，他們會重新檢討和修正自己的時間表。但六個月後，他們總是發現自己又開始把時間浪費在瑣碎雜事上。我們對時間的運用方式確實能靠多多練習而有所改善，但是唯有經常花費心力管理時間，才能避免偏離優先順序。

所以，下一步要做的就是系統化地管理時間。我們必須找出毫無生產力、浪費時間的活動，並且盡可能刪除這些活動。所以你必須問自己幾個診斷性的問題：

一、首先應該設法找出根本不需要做的事情，也就是完全浪費時間、不會產生任何成果的事情，然後設法刪除這些活動。要找出哪些事情會浪費時間，你必須針對時間紀錄表上的所有活動，問下列問題：「如果我根本不做這些事情，會有什麼差別？」如果答案是：「不會有什麼後果。」那麼顯然結論是不要再做這些事了。

大忙人需要做的事情簡直多得嚇人，例如他們有無數的演講會、晚宴，還必須出席委員會和董事會，這些活動無理地佔據大量的時間，他們幾乎一點也不樂在其中，而且往往也沒辦法有出色的表現，但他們仍然年復一年，繼續忍受這些活動。事實上，如果某項活動對於他們的組織或自己毫無貢獻的話，他們需要做的只是學會說：「不」。

前面提過每天晚上都有飯局的執行長表示，當他分析了這些飯局的性質後，他發現其中至少有三分之一的飯局，即使公司高階主管沒有一人出席，都不會有任何影響，仍然能照常進行。事實上，他發現他來者不拒地接受許多邀約，卻不見得受晚宴主人歡迎。因為原本只是禮貌性的邀約，以為他會婉拒，所以當他欣然赴會時，他們反而不知道該怎麼辦。

無論身分為何、職位多高的知識工作者，我還沒見過有人無法神不知鬼不覺地把需要花時間投入的活動刪掉四分之一。迄今為止，我還沒有看過任何人辦不到。

二、下一個問題是：「我的時間紀錄表上有哪些活動可以請別人代勞？」

前面提過每天參加飯局的董事長發現，另外有三分之一的正式晚宴，公司任

何一位高階主管都可以代他出席——這些晚宴不過是希望把他們公司的名稱列在來賓名單上罷了。

多年來，企管界不斷討論「授權」的問題，敦促每一種組織（無論是政府機構、企業、大學或軍事機構）的經理人充分授權。事實上，大多數大型組織的經理人都不止一次親自宣揚授權的好處，儘管如此，我迄今沒有看到任何成果，大家之所以充耳不聞的原因很簡單：授權的觀念其實沒有什麼道理。如果授權表示別人應該幫我分擔一部分工作，這是不對的，因為公司付你薪水是要你善盡職責。如果授權表示最懶惰的經理人其實是最優秀的經理人，那麼這種做法不但沒有道理，而且是不道德的。

但是，我從來沒有看過任何知識工作者在看到時間紀錄表後，不會立刻養成新的習慣，開始把不需要親自處理的事情授權其他人處理。任何管理者只要看時間紀錄表一眼就會非常清楚，根本沒有充裕的時間完成他心目中最重要的事情、他想做的事情，以及他承諾要完成的事情。因此唯有將其他人可以代勞的工作分派出去，他才有時間完成真正重要的事情。

究竟應該派誰出差，就是很好的例子。帕金森（C. Northcots Parkinson）教授

曾經以嘲諷的方式指出：要擺脫不喜歡的上司，最快的辦法就是讓他經常到世界各地出差。的確，噴射客機是過度濫用的管理工具。許多出差行程確實必要，但大部分都毋需高階主管親自出馬，部屬就可以代勞。對資歷較淺的人員而言，出差還是很新鮮的經驗，他還年輕，雖然出門在外，仍然能在旅館中睡個好覺，也經得起旅途勞頓，因此出差時，他可能比經驗老到、訓練有素、但身心俱疲的上司表現得更好。

管理者通常還會參加很多會議，儘管會議中沒有任何其他人無法處理的大事；他們還花很多個鐘頭討論一份連初稿都還稱不上的文件。在實驗室中，資深物理學家會花很多時間寫新聞稿來說明他的研究成果，然而周圍有很多人既具有充分的科學知識，足以了解物理學家試圖表達的想法，同時又能撰寫淺顯易懂的文章，而物理學家只不過會說一些比較高深的數學術語罷了。總而言之，管理者的工作中有很大部分別人都能輕輕鬆鬆地完成，因此也應該請別人代勞。

一般人所謂的「授權」其實是一種誤解。但如果將別人也能勝任的工作，轉由他人來完成，那麼管理者不需要授權，就能專注於自己的工作，這樣就能大大提升管理者的效能。

三、管理者之所以會浪費時間，還有一個他可以控制和消除的常見因素，也就是管理者往往會浪費別人的時間。

雖然沒有特定的症狀，但仍有一個簡單的方法可以診斷出管理者是否浪費了別人的時間，就是詢問其他人。高效能管理者都懂得系統化地直接問這個問題：「我做的哪些事情不但沒有提升你的效能，反而浪費你的時間？」問這個問題，而且不怕面對真相，是高效能管理者的標誌。

管理者達到工作成效的方式可能會大大浪費了別人的時間。

一位人型組織的高階財務主管很清楚自己召開的會議浪費了很多時間。無論會議主題為何，他都要求直接受他管轄的部屬參加所有會議，結果會議往往規模太大，由於每個與會者都覺得需要表現出很感興趣的樣子，因此每個人至少都會問一個問題——而且大都是不相干的問題。結果會議簡直開得沒完沒了。原來這位高階主管以為大家都非常看重地位，很在乎自己是否屬於「消息靈通人士」，所以他原本擔心沒有受邀與會的人會覺得受到忽視或遭到排擠。他從來不曉得，他的部屬也認為開這些會很浪費時間，直到他開口詢問，才了解實情。

不過，現在他找到兩全其美的辦法。每次開會前，他會發正式通知給部屬，通知上寫著：「茲邀請（史密斯先生、瓊斯先生和羅賓森先生）於（星期三下午三點鐘）在（四樓會議室）開會討論（明年的預算分配）。如果台端需要這方面的資訊或希望參與討論，歡迎屆時出席，但是無論您出席與否，會議結束後，您都會收到會議紀錄，說明會議的討論內容及達成的決議，請不吝提出寶貴意見。」

過去都有十幾個人花整個下午的時間參加這類會議，如今卻只需要三個人加上做會議紀錄的祕書，就可以在一個小時內把問題討論完畢，而且沒有人會覺得自己不受重視。

許多管理者心知肚明，這類時間需求既缺乏成效，也毫無必要，然而他們卻不敢取消會議，因為他們擔心自己會不小心誤砍一些重要流程。但是即使犯了這類錯誤，仍然可以很快補救。

美國每一任總統剛上任時都接受太多邀約，過了一段時間以後，他才警覺到還有其他工作要做，這些邀約並不能提升他的效能。於是他通常都突然開始大量謝絕邀約，變得難以親近。直到幾個星期或幾個月之後，媒體告訴他，大家都覺得他「失聯了」為止。往往到這時候，他才懂得在被過度利用和適度透過公開露面的機會來傳達理念之間，找到適當的平衡。

事實上，管理者削減太多活動的風險通常不會太大。我們往往高估而非低估了自己的重要性，以為許多事情都非我們不可。即使非常高效能的管理者仍然會做很多毫無必要而沒有生產力的事情。

重病病患或殘障人士通常都能展現非比尋常的高效能，就是最好的證明：

二次大戰期間美國羅斯福總統的機要顧問霍普金斯（Harry Hopkins）就是個好例子。霍普金斯當時身體虛弱，來日無多，只能每隔一、兩天，工作幾個小時。身體狀況迫使他必須專注於重要事務，捨棄其他雜務。但這樣的情況絲毫沒有減損他的效能，相反的，他達到的成就遠遠超越戰時華府的其他官員。

當然，這是個極端的特例。但這個例子告訴我們，只要認真嘗試，就可以更有效掌控自己的時間，砍掉許多浪費時間的活動，而不會降低效能。

哪些事情浪費了最多的時間？

以上三個診斷性的問題乃是針對管理者多少可以掌控、但卻毫無生產力、只會耗費時間的活動，每一位知識工作者和管理者都應該問自己這些問題。不過，經理人還需要關注由於管理不善和組織缺乏效率而衍生的時間損失。管理不善會浪費每個人的時間，尤其浪費了經理人的時間。因此：

一、首要之務是找出組織中有哪些事情缺乏制度或沒有先見之明，結果浪費很多時間，需要注意的症狀包括一而再、再而三出現的「危機」，即年復一年、反覆出現的危機。第二次出現的危機絕對不應該再出現第三次了。

企業每年發生的庫存危機就屬於這類。有了電腦輔助，我們現在能比過去更「英勇地」花費更大的成本來應付庫存問題，但這不算什麼偉大的進步。

管理者應該要預見反覆出現的危機，即使不能防患於未然，也必須將危機化為一般職員就能應付的「例行工作」。「例行工作」的定義，就是讓缺乏判斷力和技能的員工也能完成原本幾乎只有天才辦得到的事情。因為例行工作包含了系統化的步驟，乃組織中的能人在克服了昨日的危機後，將學習到的經驗轉化為預防的步驟。

一再出現的危機不只發生在組織基層，組織的每一份子都會深受其害。

多年來，一家大公司每年到了十二月初都會碰到一種危機：他們的行業具有高度的季節性，每年最後一季通常是生意最低迷的時候，很不容易預測第四季的業績和利潤。不過，每年管理階層仍然會在第二季末發布期中報告時做財務預測。三個月後，到了第四季，公司上上下下就會匆匆推出許多緊急措施，力求達到高層的預估。於是在那三到五個星期中，管理階層幾乎把其他工作全擺在一邊，什麼事也做不了。其實要克服這樣的危機很簡單，公司高層做年度預測時，不應再提出確切的財務數字，而只提出某個幅度的預期成果。結果，公司董事、股東和金融圈都非常滿意，幾年前反覆出現的危機，如今在公司裡幾乎不再受注意。然而，由於高階主管不必再把時間浪費在創造符合原本財務預測的成果上，結果第四季的成績反而比過去上揚。

在麥克納馬拉被任命為美國國防部長之前，每年到了六月三十日的會計年度結算日時，美國國防單位也會被類似的緊急危機弄得雞飛狗跳。到了五、六月，國防機構的每一位經理人（無論是軍官或平民身分）都拚命想辦法在期限前花掉國會該年度的撥款，擔心預算消化不掉就得繳回國庫。（在蘇聯的計畫經濟體制中，這種最後一分鐘亂花錢的現象也一直是陳年舊疾。）但是麥克納馬拉上任後立刻明白，這是完全不必要的危機。美國法律一向容許政府單位把沒有花完的必要經費，暫時存在臨時帳戶裡。

如果危機會反覆出現，那只不過反映了管理者的懶散怠惰而已。

幾年前，我剛開始擔任企管顧問時，必須學習如何分辨管理完善的工廠和管理不佳的工廠。我很快發現，管理完善的工廠都很平靜。而有些工廠則非常「戲劇化」，訪客可以目睹一幕幕「產業史詩」在眼前上演，這樣的工廠其實是管理不佳的工廠。管理完善的工廠很沉悶，不會發生什麼驚天動地的大事，因為他們預先防患於未然，而且把化解危機的做法轉化為例行工作。

同樣的，管理完善的組織往往是「沉悶」的組織。在這樣的組織裡，最「戲劇化」的事情不是驚心動魄地因應昨天的危機，而是制定關於未來的基本決策。

二、人力過剩往往會造成時間的浪費。

我的一年級算術課本上有一個題目是：「如果兩名挖溝渠的工人要花兩天時間來挖一條溝渠，那麼四名工人要花多少時間？」對一年級的小學生而言，正確答案當然是：「一天。」然而就管理者相關的工作而言，正確答案或許是「四天」，甚至「遙遙無期」。

要完成某項任務時，如果人力不足，即使最後達成任務，過程仍然非常辛苦。但更常見的狀況是人力過多以至於缺乏效能，使得工作人員必須花很多時間在「互動」上，而不是花在工作上。

人力過剩往往出現一個症狀：如果團體中的高階人員（當然囉，尤其是經理人）把相當可觀的時間，或許十分之一的時間，花在「人際關係的問題」上，忙著解決同事間的爭端和摩擦、跨部門的爭執和合作的問題，那麼可以推測組織人力一定過於龐大，以至於同事相互掣肘，成為達成工作績效的阻礙，而非助力。在精實的組織裡，每個員工都有發揮的空間，不至於衝撞到其他人，同時能夠好好做自己的工作，而不需要一直不停地向別人解釋。

人力過剩的原因通常都是：「但是工作人員中必須有一名熱力學家（或專利律師或經濟學家）。」這位專家或許不見得會受到重用，甚至可能根本派不上用場，但「他必須在一旁待命，預備我們可能有不時之需。」（而且他總是「必須了解我們的問題」，以及「從一開始就能融入這個團隊」！）其實，團隊中需要的應該是大部分的工作每天都需要的知識和技能。偶爾才需要借重的專家，或碰到某些問題時才需要諮詢的顧問，應該不必納入工作團隊，在需要時才以支付諮詢費的方式向他們請益，絕對比將他們納入工作團隊便宜多了，更遑論讓一個訓練有素的專家無所事事地坐冷板凳對團隊效能帶來的衝擊了，結果他唯一能做的就是在旁邊扯後腿。

三、另外一個常見的浪費時間因素是組織不良，症狀是會議氾濫。

會議原本就是為了遷就效率不佳的組織才會出現，因為員工要不就是在開會，要不就是在工作，不可能同時既開會，又工作。在理想的組織結構中（當然在不斷變動的世界中，這完全是在作夢），根本不會有會議。每個人都具備工作所需知識，每個人也都獲得工作所需資源。我們之所以要開會，是因為不同職位的人必須合作完成任務；我們之所以要開會，是因為一個人的腦子裡不具備某個特殊情況所需的一切知識和經驗，因此必須將好幾個人的知識和經驗整合在一起，集思廣益。

但會議總是過多，因為組織總是有太多工作需要眾人協力完成，因此許多行為科學家好心創造的「合作」機會變得過多。如果管理者花在開會的時間相當可觀，那麼這絕對是組織不健全的警訊。

每個會議都會衍生一堆後續會議，有的是正式會議，有的會議不拘形式，但都會耗費幾小時的時間。因此必須有目的地管理會議的進行。缺乏管理的會議不但會干擾工作，也很危險。最重要的是，會議必須是例外，而非常規。如果組織成員從早到晚不停地開會，那麼一定沒有人可以完成任何工作。每當時間紀錄表顯示組織中會議氾濫時，比方說，組織成員超過四分之一的時間都在開會，那麼就是組織不良引起的時間浪費。

當然也有例外，有些特殊機構成立的目的就是要開會，例如杜邦公司和標準石油等公司的董事會，董事會不負實際營運的責任，卻是最高的審議和申訴機構，但這兩家公司很早以前就了解，不能容許董事會成員肩負其他職責，就好像法官不能利用公餘之暇兼任辯護律師一樣。

管理者絕對不能讓會議佔據了他大部分的工作時間。會議過多表示工作規畫有問題，組織結構不良。會議過多也顯示，原本應該由某個職位或某個單位承擔的工作，如今跨越好幾個職位和單位，於是分散了責任，同時資訊也無法傳達到最需要的人手上。

有一家大公司會議氾濫的根源，在於能源業傳統而落伍的組織結構。這家公司從十九世紀就開始經營的大型蒸氣渦輪生意，如今變成一個獨立的事業部。不過這家公司在二次世界大戰期間，開始製造飛機引擎，並且成立了另外一個噴射機引擎事業部。最後，他們又從研發實驗室衍生出一個核能事業部。

但是今天這三種動力來源在市場上已經不再是互不相干，各有各的市場，而是愈來愈相互替代、同時又互補的動力來源。每一種動力來源在某些情況下，都比其他來源更具經濟效益、能產生更多電力。因此，三種動力來源可以說相互競爭。但是如果結合其中兩種方式，又比單獨採用其中一種設備產能更高。

顯然，這家公司需要的是一套整體能源策略，決定究竟是要同時發展三種彼此競爭的發電設備，還是要把主力放在其中一種設備，把另外兩種當作補充能源；或究竟要不要挑選其中兩種設施（以及哪兩種），作為發展重心，把它包裝成「能源套裝組合」。他們需要決定如何分配資金，更重要的是，能源事業需要的組織必須能反映同一個能源市場的現況，為同樣的顧客供應相同的最終產品——電力。然而現在有三個各自為政的單位，透過組織層級相互區隔，各有各的獨特作風、儀式和生涯發展階梯，而且每個事業部都自信滿滿地認為，自己能在未來十年囊括整個能源生意的七五%。

結果，三個事業部多年來一直馬不停蹄地開會。由於每個事業部隸屬於不同的主管，這些會議佔據了公司高層許多時間。最後，這三個事業部從原本的集團分割出來，合併為一個單位，隸屬於同一位主管管轄。儘管公司內部仍然明爭暗鬥，也還未做出重大的策略性決策，但至少大家現在對於究竟應該做哪些決定已經有共識，而且高層也不再需要在每一場會議中擔任主席和裁判，開會所花的時間更是大幅減少。

四、最後一個浪費時間的因素是資訊錯誤。

有一家大醫院的行政主管多年來不斷接到醫生的電話，要求他為需要住院的人安排病床。負責處理住院申請的人明「知道」目前沒有病床，這位主管卻總是能找到幾張病床。原因是病人出院時，院方並沒有立即通知住院部門。當然，病房護士一定知道病人出院了，負責為出院病人結清醫藥費的櫃檯人員也知道病人出院了。只是住院部門的人員每天都在清晨五點鐘拿到「空床數」，大多數病人卻等醫生早上巡視病房後才在中午前獲准出院。即使不是天才，也知道怎麼樣才能把事情做對，只要病人出院時，病房護士將相關單據送交櫃檯時也多送一份給住院部門即可。

更糟糕卻常見的是，以錯誤的形式傳達資訊。

製造業經常碰到的問題是，生產數據必須「轉換」後才能為營運部門所用。報表中往往只列出「平均值」，也就是說，他們呈報的是會計師需要的數字。但營運部門通常不只需要平均值，也需要了解波動幅度及最大和最小值，例如產品組合和產量變動、生產時間等。他們如果想得到需要的數據，必須每天花好幾個小時調整數字，或建立自己的「祕密」會計小組。儘管會計部門手上掌握了所有相關資訊，但是照例沒有人想到應該告訴他們營運部門需要哪些數字。

像人力過剩、組織不良或資訊失靈這類浪費時間的管理缺陷，有時候能在很短的時間彌補過來，有時候則要花很長的時間、付出極大的耐性才能改正。不過，努力後通常有很大的收穫，尤其會節省很多時間。

整合零碎的時間

如果管理者記錄和分析自己運用時間的方式，然後試圖管理時間，他就會知道他能花多少時間在重要任務上。有多少時間是他能「自由支配」的，能用來完成能產生實質無論管理者多麼無情地刪除浪費時間的活動，都不會有什麼關係。貢獻的重要工作？

我所見過最會管理時間的人是一家大銀行的總裁，我曾經和他共事兩年，輔導這家銀行改善高層組織架構。在那兩年期間，我每個月和他碰一次面，每次討論一個半小時。這位總裁總是在討論前預先做好充分準備，所以我很快也懂得事先做好功課。每次開會，議程上一定只有一個討論事項，但討論進行了一小時又二十分鐘時，總裁就會轉過頭來問我：「杜拉克先生，我想你現在最好做個總結，並且告訴我們接下來應該做什麼。」在我走進他的辦公室一個半小時後，他一定站在門口，和我握手道別。

如此這般過了一年後，我終於忍不住問他：「為什麼開會時間總是以一個半小時為限？」他回答：「很簡單，我發現我的注意力只能維持一個半小時。如果我討論某個議題超過一個半小時，就會開始重複之前說過的話。同時，我也了解，重要事情通常都必須花一個半小時，才能討論清楚，如果花的時間太短，根本來不及了解討論內容。」

每個月，在我待在他辦公室的那一個半小時內，從來都沒有任何一通電話干擾，他的祕書也從來不會探頭進來，表示某位重要人物緊急求見。有一天，我問他這件事。他說：「我給祕書嚴格的指示，除非是美國總統蒞臨或內人要找我，否則她不能讓任何人打斷我們的談話。總統幾乎不會打電話給我，而內人也很了解我的脾氣，所以祕書會先替我擋掉其他事情，直到我開完會再談。然後我會在會後花一個半小時的時間回電，並且檢視每一通留言。我還從來沒有碰到過任何連九十分鐘都不能等的危機。」

不必說也知道，這位總裁在每個月會議中完成的事情，遠遠超過其他許多同樣能幹的管理者整個月開會所達到的成就。

但即使這麼有紀律的人，至少有一半以上的時間花在不太重要卻不得不做的事情上，包括接待「順道來訪」的重要客戶、參加沒有他也開得成的會議、做日常營運的決策（這類問題根本就不應該上達像他這樣的層級，但往往還是層層上報）。

每當某位高階主管聲稱，他有一半以上的工作時間都可以自由支配，根據自己的判斷，決定時間要用在什麼地方，我聽了之後，很確定他一定不清楚自己都把時間花在哪些地方。高階主管可以自由支配的時間和用來處理重要事務的時間，通常都不到四分之一，但這些事務往往能產生實質貢獻，是公司聘請他坐在這個位子上的主要原因。每個組織的情形都是如此，唯一的例外是政府機構，政府高官在毫無生產力的活動所花的時間，遠超過其他大型組織的主管。

管理者的層級愈高，他無法掌控的時間比例就愈高（同時花下去的時間也無法產生實質貢獻）。組織規模愈大，就需要花更多時間凝聚組織各個部分，保持溝通順暢，而不是花時間在發揮組織功能和產生實質貢獻上。

因此，高效能管理者知道他必須整合可支配的時間。他知道自己需要大量的完整時間，分割成片片段段的零碎時間沒什麼價值。即使只是每天工作時間的四分之一，如果能整合成完整的時間，通常足以將重要事務處理完畢。但即使每天手上有四分之三的工作時間，如果只能零碎地這裡花十五分鐘、那裡花半個小時，仍然毫無用處。

因此時間管理的最後一步，就是整合好管理者通常能自行控制的時間。

這樣做的方式有很多。有的人（通常是高階主管）每個星期有一天在家工作，編輯或科學家就常用這樣的方式來整合時間。

其他人則一星期安排兩天（比方說星期一和星期五），完成所有操作性工作，例如會議、評估、問題討論等，把其他三天早上空出來處理需要持續進行的重大事務。

前面提到的那位銀行總裁就是這樣安排他的時間。他在星期一和星期五召開

營運會議、會見高階主管討論當前問題、接待重要客戶等，把星期二、三、四的下午空下來，預留給臨時可能出現的任何狀況，而當然，總是會有一些事情冒出來，不管是緊急問題、或銀行的海外業務代表、或重要客戶突然來訪，或臨時需要去華盛頓出差。但是，他刻意把這三天早上留下來處理重要事務，每段時間都預留九十分鐘。

另外一個常見的方法是安排每天早上在家中工作一小段時間。

在卡爾森（Sune Carlson，請參見五十三頁註❶）教授的研究中，其中一位效能最高的管理者每天上班前都花九十分鐘待在書房中，不接任何電話（雖然這表示必須很早起來工作，才能準時進辦公室）。有要事需要處理時，許多人都喜歡把工作帶回家，吃過晚餐後再花三小時處理公務，但上述的方法效果好得多。因為到了晚上，許多主管都已經累得沒有辦法好好完成工作。中老年人當然還是早睡早起精神比較好。大家之所以喜歡下班後把公事帶回家在晚上處理，其實是最糟糕的原因：這樣一來，管理者就可以不必好好管理白天的工作時間。

大多數人整合時間的方式，都是試圖把比較次要、較無建設性的事情集中在一起，從中挪出一些可以運用的完整時間。不過這樣做的效果有限，一般人在心裡和在行程上最看重的仍是比較不重要的事情，也就是即使沒有什麼實質貢獻、卻仍然必須做的事情。結果，為了應付新的時間壓力，往往就犧牲了應該運用可支配時間來完成的事情。幾天或幾個星期內，所有可支配的時間再度消失不見了，被新的危機、新的緊急狀況、新的瑣事一點一滴地消耗掉了。

高效能管理者會務實地估計他們真的能掌握的自由時間有多少，然後安排可連續運用的合理時間。如果他們後來發現其他事務佔據了原本保留的時間，他們會重新審視時間紀錄表，刪除一些比較沒有生產力的時間需求。正如前面所說，他們明白，刪減再多活動都不為過。

所有的高效能管理者都不斷做好時間管理，不但持續記錄時間用途，還定期分析自己的時間運用方式。他們會根據對可支配時間的判斷，自己設定重要活動的完成期限。

我認識一個效能很高的人，他手上隨時掌握兩份清單，一張上面列著緊急事務，另一張則是必須完成的麻煩事情，每件事都有截止期限。當他發現錯過截止期限時，就知道自己又沒有好好掌握時間了。

時間是最稀少的資源，除非好好管理時間，否則就無法管理其他的資源。更重要的是，分析自己怎麼運用時間，是簡單而有系統地分析自己的工作、並思考做事優先順序的好方法。

古人說，要得到智慧必須先了解自己，然而對凡人而言，這實在難如登天。但每個人只要願意，都可以「了解自己的時間」，因此貢獻會愈來愈卓著，效能也愈來愈高。

THE Effective Executive

如何做好時間管理

- 時間是最稀少的資源，也是完全無法取代的資源。除非好好管理時間，否則就無法管理其他的資源。
- 高效能管理者規畫工作時，不會先從任務著手，而會先從時間管理著手。
- 他們會先弄清楚自己平常都把時間用在哪些地方，然後試圖管理時間，減少沒有生產力的時間需求。最後，他們會盡可能把零碎片段的時間整合為可以連續運用的大量完整時間。

●記錄時間、管理時間和整合時間這三個時間管理的步驟，是提高管理效能的重要基礎。

●高效能管理者每年至少會記錄兩次時間日誌，每次持續三、四個星期，每次記錄完之後，他們會重新檢討和修正自己運用時間的方式。

●要系統化地管理時間，必須先問幾個診斷性的問題：

一、問自己：「如果我根本不做這些事情，會有什麼後果？」如果答案是「沒有什麼差別」，就不要再做這些事了。

二、檢視：「我的時間紀錄表上有哪些活動可以請別人代勞？」

三、問別人：「我做的哪些事情不但沒有提升你的效能，反而浪費你的時間？」

●反覆出現的危機、人力過剩、組織不良導致會議氾濫、資訊錯誤，都是導致管理者浪費了很多時間的管理缺陷。

●管理者的層級愈高，他無法掌控的時間所佔比例就愈高，因此高效能管理者都懂得整合自己可支配的時間。

習慣 2

問「我可以有什麼貢獻？」

高效能的管理者把焦點放在有所貢獻上。他們不會一味埋首於工作中，而會抬起頭來向外看，關注應該達到的目標，他會問：「我應該有什麼貢獻，才能對我服務的機構有所助益，提升組織績效和成果？」他們著重的是自己該盡的職責。

高效能的關鍵就在於要專注於貢獻：在工作上，關注工作的內容、層次、標準和影響；關注自己和他人的關係——與上司、同事、部屬的關係；同時也專注於善用管理者的各種工具，例如會議或報告。

大多數的管理者喜歡往下看。他們把全副心力放在自己所做的努力上，而忽略了成果。他們很在意組織和上司是否「虧待」他們，尤其在意自己「應該擁有」哪些職權，結果反而令自己變得毫無效能。

有一家大型管理顧問公司的領導人每次接到新客戶委託的案子後，都先花幾天拜訪客戶的組織。他會先和客戶聊一聊工作內容，了解客戶公司的組織、歷史和員工狀況，然後問（雖然很少真的用這樣的字眼）：「你自認公司付你薪水，是因為你做的哪些工作？」他表示，大多數人都會回答：「我管理會計部門。」或「我負責業務部。」不少人會說：「我底下有八百五十個人歸我管。」只有少數會說：「我的職責是提供經理人需要的資訊，協助他們做正確的決策。」或「我負責找出顧客未來的需求。」或「我必須通盤思考總裁明天需要面對的決策，並預做準備。」

只專注於自己付出的努力，並且強調上對下權威的人，無論他的職銜和階級有多高，終究只是個部屬。但是能聚焦於貢獻，並且為成果負責的人，無論他的資歷多淺，都可以說是「最高管理階層」，因為他願意以組織整體績效為己任。

管理者的承諾

由於要專注於貢獻，因此高效能管理者不會只把注意力放在個人專長、狹隘的技能和自己的部門上，而會注意到組織的整體績效。他會將注意力的焦點轉向外界，因為組織的成果乃是彰顯於外。他可能必須徹底思考自己的技能、專長、職掌或任職的部門，究竟與整個組織及組織的目的有什麼關係。他也會站在顧客、客戶或病患的角度思考，因為無論組織生產的是經濟性商品、政府政策或提供健康照護服務，完全是為了顧客和病患。這樣一來，他所做的事情和做事的方式都會很不一樣。

多年前，美國政府設立的一家大型科學機構領悟到這個道理。當時正值出版部門主管退休，早從一九三〇年代這個機構創立之初，出版部主任就在這裡工作，但他既非科學家，也不是訓練有素的寫手，他出版的作品常常被批評為專業水準不足。後來由一位經驗豐富的科學作家接任他的位子，這個機構的出版品立刻改頭換面，看起來很有專業水準，但科學界人士卻不再閱讀他們的出版品，而原本這些人正是這些出版品的目標讀者。一位備受尊崇的科學家多年來都和這個機構密切合作，他終於告訴這個機構的主管：「前任主管推出的出版品乃是為我們而寫，新主管卻是針對我們而寫。」

前任主管曾經問過這個問題：「我能對這個機構所產生的成果有什麼貢獻？」他的答案是：「我可以激發外界年輕科學家對我們的工作產生興趣，吸引他們來這裡上班。」因此他會強調機構內部的重大問題、重大決策，甚至重大爭議，他也因為這個做法，不只一次和上司發生正面衝突，但是他仍然堅持自己的立場。他說：「我們喜不喜歡這些出版品根本不重要，真正的檢驗標準在於有多少年輕科學家應徵這裡的工作，以及他們有多優秀。」

當一個人問：「我能貢獻什麼？」他其實是在尋找尚未在工作上充分發揮的潛能。在許多職位上，被評為「卓越」的表現通常都還沒有充分達到應有的貢獻。

一家大型美國商業銀行的經紀部門雖然還算賺錢，但業務內容單調。這個部門的業務是代理企業證券的轉讓和登記事務，並收取服務費。他們負責建立股東名冊、發放股息，並且處理一大堆類似的行政瑣事——全都要求精確度和高效率，但幾乎不需要什麼想像力。

直到紐約分行經紀部門副總裁開始問：「經紀部門可以有什麼貢獻？」他才明白，經紀部門在工作上時常直接接觸到客戶公司的高階財務主管，而所有金融服務（包括存款、貸款、投資、退休基金管理等等）的「採購決策大權」正操在這些人手上。當然，經紀部門本身必須採取有效率的經營方式，但是當新上任的副總裁領

悟到，他們最大的潛力其實是推銷銀行其他所有服務後，在他領導下，這群高效率的辦公族搖身一變為整個銀行的行銷部隊。

管理者如果不自問：「我可以有什麼貢獻？」不但可能會訂定過低的目標，而且可能會追求錯誤的目標。更嚴重的是，他們可能把自己的貢獻定義得太狹隘了。

「貢獻」可能代表不同的意義。每個組織都需要三個主要領域的績效：組織需要直接看到成果；需要建立根本價值，並信守價值、同時需要為未來培育人才。如果在任一領域無法展現績效，組織將日趨衰亡，因此每位管理者的貢獻都應該包含這三種績效。但這三種績效的相對重要性則要視管理者性格和職位的不同，以及因應組織的不同需要而有所差異。

組織的直接成果通常都清晰可見。例如對企業而言，直接成果就是銷售額和利潤之類的經濟成果。對醫院而言，則是對病人的醫療照護，以此類推。但是如果在前面提到的銀行經紀部門副總裁的例子，直接成果並不是那麼明確。當不清楚應該產生什麼直接成果時，就根本不會有任何成果。

就以英國國營航空公司的表現（或缺乏經營績效的情況）為例。英國國營航

空公司一方面應該採取企業化的經營方式，另一方面又需執行英國的國家政策和充當團結大英國協的工具，但這些公司一向以來的經營目的，其實是在維護英國航空業的生存。在三種對於直接成果的不同概念相互拉鋸下，這些航空公司在三方面都表現不佳。

組織應該把直接成果擺在第一位，因為直接成果對組織的重要性就好像人體養分中的卡路里。每個組織也需要信守根本價值，並且一再重申這些價值，就好像人體需要維他命和礦物質一樣。如果組織缺乏根本價值，就可能日益衰頹，陷入混亂和癱瘓。企業信守的價值可能是在技術上保持領導地位或（像施樂百的價值觀一樣）為美國家庭提供最適當的產品和服務，並且以最低的價格採購最高品質的商品。

不過對價值的承諾和直接成果一樣，不一定都很明確。

多年來，美國農業部一直在兩個基本上互不相容的價值之間拉鋸，一個價值是提高農業生產力，另外一個價值則是將「家族式農場」視為「美國的骨幹」。前者將美國農業往工業化的方向推進，讓農業成為高度工業化和機械化的大規模商業活動；後者則喚起懷舊情懷，扶持生產力低落的農村無產階級。由於美國農業政策一直在兩種不同的價值觀之間擺盪，結果雖然花了一大筆錢，卻都徒勞無功。

最後，每個人都難免一死，個人的貢獻有其限制，所以組織有很大部分是克服個人生命極限的工具。沒有辦法持久不墜的組織都失敗了，因此組織必須設法在今天培養出能在明天擔當大任的人才。組織必須注入新血，持續提升人力資源的素質。今天這一代靠努力工作和全力以赴而締造的成就，下一代應該視為理所當然。而他們將站在前輩的肩膀上，建立新的「高標竿」，成為未來世代努力的基準線。

如果組織只是不斷延續今天的願景、成就和卓越水準，就會失去適應力。由於變動是人類社會中唯一確定不變的事，因此這樣的組織將難以在變動後的未來繼續存活。

管理者聚焦於貢獻，正是培育人才的有力工具。每個人都會隨著別人要求的水準而自我調整。把目光聚焦於貢獻的人，同時也提升了與他共事者的眼界和標準。

有一位剛上任的醫院主管舉行了第一次幕僚會議，他原本認為他已經以每個人都滿意的方式，解決了一個棘手的問題，這時候，其中一個與會者突然問：「這樣做布萊恩護士會滿意嗎？」他的話立刻引發新的爭論，直到大家針對問題想出更有企圖心的解決方案為止。

這位主管後來才了解，布萊恩護士是醫院裡一位非常資深的護士。她的表現從來都不是特別出色，而且也從未擔任管理職，但是每當出現任何有關病人照護的問題時，布萊恩護士都會問：「我們是否已經盡了最大的努力，來幫助這位病患？」在布萊恩護士服務的樓層，病患的情況總是特別好，也比較快康復。經過多年以後，醫院所有醫護人員都學會這條「布萊恩護士原則」，換句話說，他們都學會問：「我們真的對醫院成立的宗旨做出最好的貢獻了嗎？」

雖然布萊恩護士本人早在十年前就退休了，許多職位比她高、資歷比她豐富的人仍然遵從她所樹立的標準。

承諾要有所貢獻，也就等於承諾要負責任地展現高效能。否則的話，就是自欺欺人，辜負了組織，也欺騙了共事的夥伴。

管理者之所以失敗，最常見的原因是，沒有辦法或不願意為了因應新職位的要求而改變自己。管理者如果總是不斷重複以往成功的模式，而不願隨著職務調動而改變，注定會失敗。職務變動之後，不但工作成果會改變，他貢獻的方向也應該隨之改變，而且三種績效的相對重要性也會改變。無法了解這點的管理者會突然以錯誤的方式做了錯誤的事情，雖然他做的事情在他過去的職位上是以正確方式做的正確事情。

這是為什麼二次大戰期間，美國華府許多能幹的管理者會失敗的主要原因。有的人認為，在華盛頓，什麼事情都太過「政治化」，或一向獨立作業的人突然發現自己變成「大機器中的小齒輪」，但這些最多只是一部分原因罷了。許多人即使缺乏政治敏感度，或在只有兩名員工的小小法律事務所工作過，到華盛頓後仍然表現出色，證明自己是高效能的管理者。美國戰時新聞局最有效能的官員舍爾伍德（Robert E. Sherwood）就是個好例子，他過去是劇作家，之前待過的「組織」只有自己的辦公桌和一部打字機。

二次大戰期間，能在華府獲致成功的人都把焦點放在有所貢獻上，因此他們改變了工作內容，並且調整各部分工作的重要性和比重。許多失敗者都比成功者更勤奮努力，但是沒能挑戰自我，同時也沒能認清需要改變努力的方向，因此徒勞無功。

有一個成功的好例子是，有個人在六十歲時成為美國一家大型連鎖零售店的執行長。二十多年來，他一直是這家公司的第二把交椅，心滿意足地輔佐比他年輕

好幾歲、外向而企圖心強烈的執行長。他從來沒有預期自己會當上總裁，但上司突然在五十歲的壯年過世，這位忠心耿耿的副手只好臨危授命。

新總裁出身財務部門，很善於處理數字——精通成本、採購、庫存、新店開辦資金、流量研究等各種計算。在他眼中，「人」基本上只是個抽象概念。當他突然成為總裁時，他問自己：「我能把哪些事情做得比別人都好，因此能為公司帶來真正的改變？」他的結論是，他能為公司帶來的真正有意義的貢獻，是培育未來的經理人。多年來，主管培育政策一直是公司非常自豪的特色。但是新總裁辯稱：「政策本身做不了任何事情。我的貢獻是確保公司會切實執行這個政策。」

從那時候開始，他在任期內，每週都會有三次，在吃完中餐回辦公室前繞到人事部門，隨意挑選八到十份年輕督導人員的檔案。回到辦公室後，他會打開第一份檔案，很快瀏覽資料，然後打電話給這個年輕人的上司。「羅伯森先生，我是總裁，從紐約打電話來。你手下有個叫瓊斯的年輕人。你半年前是不是曾經建議把他調職，讓他獲得一些銷售經驗？你確實建議過。那麼，為什麼這半年來，你什麼都沒做？」

然後他又打開下一個檔案夾，打電話給另一個城市的另外一位經理人：「史密斯先生，我是總裁，從紐約打電話來。我知道你曾經推薦手下的年輕人羅伊擔任某一項職務，讓他學習商店的會計作業。我剛剛注意到，你一直在追蹤後續發展，確認公司把他調到你推薦的職位。我只是要告訴你，我很高興看到你盡心盡力為公司栽培年輕人。」

他擔任總裁幾年後就退休了，但是直到十年或十五年後的今天，許多和他素未謀面的公司主管仍然將公司後來的成長和成功，歸功於他當年的貢獻。

美國國防部長麥克納馬拉之所以有非比尋常的高效能，也正是因為他會自問：「我能有什麼貢獻？」當甘迺迪總統在一九六〇年秋天從福特汽車公司挖角，把麥克納馬拉放在內閣最難做的位子上時，麥克納馬拉其實毫無準備。

麥克納馬拉是福特公司一手栽培的自己人，他完全不懂政治，最初他試圖指派部屬負責國會協調工作。但幾個星期後，他很快了解到，國防部長的工作有賴國會的了解與支持。結果，他強迫自己在國會中廣結人脈，認識國會各種委員會中的有力人士，並設法精通國會鬥爭的技巧，這些都是像他這樣低調靦腆、毫無政治手腕的人最討厭也最不擅長做的事情。然而他在這方面的表現，卻比過去的國防部長都出色。

麥克納馬拉的故事顯示，管理者的職位愈高，對外扮演的角色就愈重要，在這方面需發揮的貢獻也愈大，因為他通常是組織中最能自由在外界活動的人。

或許這一代美國大學校長最大的弱點在於：他們只會向內看，把重心放在行政管理、募款等，然而大型大學中，沒有其他主管可以和學校的「顧客」——學生，自由地建立聯繫。學生對學校當局感到疏離當然是學生不滿和不安的主因，（舉例來說）也是一九六五年柏克萊加大發生暴動的潛在原因。

如何發揮專家的效能

對知識工作者而言，專注於貢獻尤其重要。單單這樣做，就讓他得以有所貢獻。知識工作者不會生產任何實體的東西，他們生產的是構想、資訊和概念。而且知識工作者通常都是某方面的專家。事實上，唯有當他學會把某項工作做得特別好時，換句話說，唯有當他專精於某個領域時，他才能展現效能。但是專業本身其實是片段而不具成果的，必須把某位專家的產出和其他專家的產出整合在一起，才能展現成果。

因此重要的不是加緊培育通才，而是專家應該設法讓自己的專業發揮效能，換句話說，他必須思考誰會運用他的產出，以及使用者需要知道哪些事情，專家產出的片段知識才能產生成效。

今天大家很喜歡說，我們的社會大致可分為「科學家」和「門外漢」兩種人，所以很容易就會要求門外漢學習一些科學家的知識、術語、工具等等。但如果社會真的分成這兩塊，那也是百年前的事情了。今天，現代組織中的每個成員幾乎都是擁有高度專業知識的專家，每個人都擁有自己的工具、有自己關心的問題、以自己的行話來溝通。而科學的各個領域則愈分愈細，以至於某個領域的物理學家要了解其他物理學家的研究都很困難。

就某個角度而言，成本會計師和生化學家同樣都算是「科學家」，因為成本會計師也有自己的專業知識和自己的假設、關心的問題和專業術語。市場研究人員、電腦邏輯學家、政府機構的主計人員和醫院的精神病案例分析師也都一樣。他們都必須先讓別人了解他們的工作，才有辦法展現工作成效。

有知識的人應該承擔起傳達知識的責任，讓別人能夠了解他們的專業。如果擁有知識的人總是假定外行人有能力或應該設法了解專家，而且覺得自己只要能和同行的專家溝通就夠了，那麼實在太過蠻橫自大了。即使在大學或實驗室中，這種（今天常見的）

態度都會令專家空有滿腹學問，卻英雄無用武之地。一個人如果想成為管理者，換句話說，如果他希望為自己的貢獻負責，那麼他就必須關心自己生產的「產品」（也就是他的知識）能否為他人所用。

高效能管理者都明白這點，因為他們幾乎都在不知不覺間，在向上提升的力量引導下，努力找出其他人的需求和看法，以及其他人懂得的事情。高效能管理者會問組織的其他成員，包括他們的上司、下屬和其他領域的同事：「你希望我貢獻什麼，才能讓你對組織有所貢獻？當你需要我的貢獻時，你會希望我如何貢獻、以何種形式貢獻？」

比方說，如果成本會計師問自己這些問題，他們很快會發現，哪些他們認為顯而易見的假設，其實使用數據的經理人根本毫無概念，哪些他們認為很重要的數據，在實際營運者心目中卻毫不相干，哪些他們毫不重視、也很少提供的數據，卻是每天營運時真正需要的數據。

在藥廠上班的生化學家如果問自己這些問題，他們很快就會發現，唯有當他們以臨床醫師懂得的語言（而非生化術語）介紹他們的發現時，臨床醫師才能運用他們的研究成果。而臨床醫師要不要把新的化合物納入臨床試驗，決定了生化學家的研究成果有沒有機會變成新藥。

政府機構的科學家如果專注於有所貢獻的話，他們很快就會明白，他們必須向決策者解釋科學發展可能將人類帶往什麼方向；他必須做一件許多科學家視為禁忌的事情——臆測科學研究的可能成果。

所謂「通才」，其實是能將自己狹窄的專業領域和浩瀚的知識宇宙相連結的專才。也許有少數人通曉幾個不同領域的專業知識，但他們並不會因此成為通才，而只是好幾個領域的專才，一個人如果在一個領域固執己見，同樣的，就可能在三個不同領域有所偏執。不過，一個人如果能勇於承擔貢獻的責任，就會將自己狹窄的專業領域和真正的整體相連結。他自己可能沒辦法將好幾種知識領域融合為一，不過他很快就明白，他必須充分了解別人的需求、方向、限制和觀感，別人才能運用他的工作成果。即使這樣做還不足以讓他充分理解多樣性的多彩多姿和豐富，但至少能避免讓他產生知識的傲慢——而這種自大心態是一種會摧毀知識、剝奪知識之美和損害效能的疾病。

有效的人際關係

組織中的知識工作者不會因為他們「在人際關係上很有天分」，而擁有良好的人際關係。他們之所以人緣好，是因為他們專注於讓自己的工作有所貢獻，並很重視和別人建立良好關係。結果，他們的人際關係成果豐碩——而這是唯一令人信服的「良好人際關係」的真義。如果沒能在以工作和任務為核心的關係中有所成就，溫暖的感覺和討喜的話語都毫無意義，只不過在掩蓋卑劣的工作態度罷了。另一方面，如果這個關係能為所有相關人等帶來豐碩的成果和成就，即使偶爾出言不遜，也不會影響彼此的關係。

如果有人要我說出在我的經驗中，哪個人的人際關係最好，我會舉出三個名字：二次大戰期間美國陸軍參謀總長馬歇爾將軍（George C. Marshall）、從一九二〇年代初期到一九五〇年代中期擔任通用汽車公司領導人的史隆，以及史隆的同事德瑞史塔特（Nicholas Dreystadt），德瑞史塔特曾在大蕭條時代將凱迪拉克轎車打造成成功的豪華轎車（他原本很可能在一九五〇年代當上通用汽車執行長，但卻在二次大戰後英年早逝）。

這些人彼此間有很大的差異：「職業軍人」馬歇爾為人嚴峻而專注，但靦腆中帶有一種迷人的丰采；史隆是含蓄內斂、彬彬有禮、但待人冷淡的「行政主管」；德瑞史塔特是個溫暖親切、生氣勃勃的人，但外表看來像個富有「舊海德堡」傳統的典型工匠。他們三人都深受部屬愛戴，並且以不同的方式，以貢獻為基礎，建立人際關係（包括他們的上司、部屬和同事）。他們出於必要，都能和別人密切合作，並且非常關懷別人的需求。他們都需要做有關人的重要決定，但是沒有一個人擔心人際關係的問題，都視之為理所當然。

聚焦於貢獻本身就提供了有效人際關係的四個條件：

- 有效溝通；
- 團隊合作；
- 自我發展；
- 培育他人。

有效的溝通

過去幾十年來，企管界非常重視溝通的問題。無論在工商界、公共部門或軍隊、醫院中，換句話說，只要是現代社會中的大型機構，都很關心溝通的問題。

但到目前為止，這方面的成果十分貧乏。大體而言，現代組織中的溝通仍然不足，和過去比較，情形沒有太大的改善。但是我們已經開始了解，為什麼這種大規模的溝通無法產生具體成效。

我們一直努力促進管理階層和員工的溝通、上司對下屬的溝通，但如果溝通乃是以上對下的關係為基礎，那麼就很難成功達到溝通的效果。我們從知覺和溝通理論中早已學到這點。上司愈是努力想叮嚀部屬一些事情，部屬愈聽不進去。部屬只會聽他想聽的話，而不是上司真正的談話內容。

但是由於管理者在工作上乃是以貢獻為己任，因此他也會要求部屬有所貢獻。他們會問部屬：「組織和我（你的上司）應該要求你有哪些貢獻？我們對你應該有什麼樣的期望？怎麼樣才能充分發揮你的知識和才能？」然後才能有真正的溝通，溝通也變得很容易。一旦部屬了解組織期望他有什麼貢獻，上司當然有責任評估他是否達成預期的貢獻。

根據我們的經驗，部屬為自己設定的目標幾乎總是不符合上司的期望。換句話說，部屬或資淺員工眼中所見到的現實和上司截然不同。他們愈能幹，就愈願意承擔責任，他們對於現實的認知以及所看到的機會和需求，往往就愈和上司或組織的觀點相左，雙方的歧異會非常明顯。

但究竟誰對誰錯，通常都不重要，因為他們之間已經建立了有效的溝通。

團隊合作

專注於貢獻會促進橫向溝通，因此有助於團隊合作。「誰必須運用我的長處，以達到高效能？」這個問題顯示和管理者沒有直接從屬關係的同事是多麼重要，也點出知識型組織的現實：事實上，高效能的工作往往由具備不同知識和技能的人才組成團隊完成的。這些人必須依循對情勢的邏輯推演和任務的需求通力合作，而不是根據正式的管轄權限和組織結構來分工。

舉例來說，在醫院裡（醫院可能是現代知識型組織中最複雜的一種組織），護士、營養師、醫生、醫技人員、X光檢驗人員、藥劑師、病理學家，以及許多健康服務專業人員，都必須在沒有人指揮控制的情況下照顧同一位病患。他們必須為共同的目標通力合作，並且配合執行醫生為了治療病人所開的處方。就組織結構而言，這些健康醫療專業人員每個人都向自己的上司報告，每個人都在自己高度專精的知識領域，以專業人員的身分有所貢獻，但每個人也必須根據個別病患的特殊病況和需求，傳達相關訊息給其他人，否則他們的努力造成的損害可能多於益處。

如果在醫院中，專注於貢獻已經成為大家根深柢固的習慣，那麼要像這樣通力合作，幾乎不會有什麼困難。反之，在其他醫院裡，即使院方拚命藉由各種委員會、幕僚會議、布告欄、曉以大義等方式，促進院內人員的溝通和協調，仍然很難出現像這樣的橫向溝通，員工也不會自動自發地組成適當的任務小組。

今天典型的機構都面臨組織上的問題，傳統觀念和理論完全不管用。知識工作者對於知識領域必須展現專業的態度，他們必須為自己能否勝任和是否達到工作標準負責。就正式組織而言，他們都「隸屬」於某個功能性的專業領域或部門，例如生化領域或醫院中的護理部等等。就人事管理而言，他們的訓練、紀錄、評估和升遷，都由這個知識導向的部門來管理，但在工作上，他們為了特殊任務，愈來愈需要和來自不同知識領域的人組成團隊，通力合作。

專注於貢獻本身不一定能解決組織的問題，卻能促進溝通和提高對任務的了解，讓不夠完美的組織也能有效運作。

自從電腦革命以來，知識工作者之間的溝通變得愈來愈重要。過去數十年來，問題一直是如何透過「資訊」，達到「溝通」的效果，因為資訊必須靠人來處理和傳遞，而溝通的過程往往會扭曲了資訊，也就是被意見、印象、評論、判斷、偏見所扭曲而失真。現在突然之間，大部分的資訊變得非常客觀，而且沒有任何溝通內容，純粹只是資訊而已。

但現在我們的問題是如何建立必要的最少量溝通，由此我們可以彼此了解，知道別人的需求、目標、感覺和做事方法。資訊並不會告訴我們這些事情。唯有直接接觸，無論是透過聲音或書寫，才能真正溝通。

我們愈讓資訊處理過程自動化，就愈需要創造有效溝通的機會。

自我發展、培育他人

一個人的自我發展有很大部分要看他／她能否專注於貢獻而定。

當一個人自問：「為了提升組織的整體績效，哪些是我能為組織提供的最重要貢獻？」他其實是在問：「我需要什麼樣的自我發展？為了產出應有的貢獻，我應該取得哪些知識和技能？我有哪些專長可應用在工作上？我必須為自己設定什麼標準？」

能專注於貢獻的執行長，通常也能激勵他人（無論是部屬、同事或上司）致力於自我發展。他會設定標準，但並非個人的標準，而是根據工作要求而設定的標準。同時他們也追求卓越，胸懷大志，追求野心勃勃的目標，希望自己的努力能帶來深遠的影響。

我們對於自我發展了解不多，但我們確實知道一件事：不管是一般人或知識工作者，成長的幅度完全要看他們對自己的要求而定，也要看他們認為怎麼樣才算有成就。如果他們對自己的要求很低，那麼他們會一直發育不良。如果他們對自己要求很高，他們就會長得如巨人般高大——但並沒有多花什麼力氣。

有效的會議

會議、報告或簡報都是管理者會遭遇的典型工作狀況，是他的日常管理工具，但他也為此花了很多時間，即使他很善於分析自己的時間，並且盡量好好掌控自己能控制的時間，仍然會花很多時間在這些事情上面。

高效能管理者很清楚自己期望從會議、報告或簡報中得到什麼，也知道會議、報告或簡報的目的。他們會自問：「我們為甚麼要開這個會？我們想要做決定、傳達訊息，還是我們想要弄清楚應該做哪些事情？」他們會堅持在開會、報告或安排簡報之前，先弄清楚目的為何。他們堅持會議必須能真正有所貢獻。

高效能的人總是會在會議一開始時，就說明會議的目的和需要達到的貢獻，以確保會議能達成目標。他不會讓為告知而召開的會議演變為一場「吹牛大會」，任憑每個人拚命提出偉大創見。如果他召開會議是為了激發思考和創意，他不會只讓一個人做報告，而會挑戰所有與會者。他總是在會議結束前，回頭檢視會議開始時提出的目標，並且檢視最後的決議是否符合開會的初衷。

要召開有建設性的會議還有其他規則（比方說，最明顯但通常遭到忽視的規則是：你要不就是主持會議，聽取與會者報告的重要事項，要不就是參加會議並發言；你無法兩者兼顧）。但最重要的規則是，會議從一開始就應該把焦點放在貢獻上。

專注於貢獻正好消除困擾管理者的基本問題——事情千頭萬緒，太過繁雜，而且分不清哪些是重要的事情，哪些只不過是干擾罷了。專注於貢獻為此設定了組織的原則，釐清了事情的輕重緩急。專注於貢獻將管理者天生的弱點——必須仰賴他人，以及置身於組織內部——轉變為優勢，打造出團隊。

最後，管理者如果專注於貢獻，他就比較容易抗拒向內看的誘惑，將管理者（尤其是高層主管）的目光從內部的努力、工作和關係，導向外界；換句話說，導向組織的成果上，讓管理者更努力與外界（無論是市場和顧客、社區中的病患、或民眾）建立直接的聯繫。

專注於貢獻，就是專注於提升效能。

問「我可以有什麼貢獻？」

- 高效能管理者把焦點放在有所貢獻上。他們不會一味埋首於工作中，而會抬起頭來向外看，關注應該達到的目標。他會問：「我應該有什麼貢獻，才能對我服務的機構有所助益，提升組織績效和成果？」
- 每個組織都需要三個主要領域的績效：組織需要直接看到成果，需要建立根本價值，同時需要為未來培育人才。如果在任一領域無法展現績效，組織將日趨衰亡。
- 最常見的管理者失敗原因是，沒有辦法或不願意為了因應新職位的要求而改變自己。管理者如果總是不斷重複以往成功的模式，而不願隨著職位調動而改變，注定會失敗。
- 專家如果要設法讓自己的專業發揮效能，必須思考誰會運用他的產出，以及使用者需要知道哪些事情，如此一來，專家產出的片段知識才能產生成效。
- 高效能管理者會問組織的其他成員，包括他們的上司、下屬和其他領域的同事：「你希望我貢獻什麼，才能讓你對組織有所貢獻？當你需要我的貢獻時，你會希望我如何貢獻，以什麼樣的形式貢獻？」

- 聚焦於貢獻提供了有效人際關係的四個條件：

一、有效溝通；
二、團隊合作；
三、自我發展；
四、培育他人。

- 管理者都花很多時間開會，但高效能管理者會自問：「我們為什麼要開這個會？我們想要做決定、傳達訊息，還是我們想要弄清楚應該做哪些事情？」

- 專注於貢獻，就是專注於提升效能。

習慣3

善用人之所長

高效能的管理者能讓每個人發揮所長，產生建設性的成果。他知道不可能仰賴弱點而成事。要產生成果，必須運用每個人的長處——運用同事、上司和自己的長處。這些長處代表真正的機會。組織獨一無二的目的，就是讓每個人發揮所長，產生建設性的成果。當然，每個人都有很多缺點，組織沒有辦法克服我們的缺點，但是可以讓我們的缺點變得無關緊要。組織的任務是善用每個人的長處，並藉以達到整體績效。

管理者在用人的時候，首先會碰到如何用人之所長的挑戰。高效能的管理者會根據員工的能力來安排職位和決定升遷。他做人事決策時，考量的不是如何找到缺點最少的人，而是如何充分發揮一個人的長處。

美國南北戰爭時，有人告訴林肯總統，剛上任的總司令格蘭特將軍愛好杯中物，林肯說：「如果我知道他愛喝哪種牌子的酒，我會送一、兩桶給其他將軍品嚐。」林肯的童年乃是在肯塔基州和伊利諾州的邊疆度過，他當然很清楚貪戀杯中物的危險。但在所有的北軍將領中，格蘭特一再證明他有能力運籌帷幄，率領大軍打勝仗。事實上，林肯任命格蘭特當總司令，正是南北戰爭的重要轉捩點。這是高效能的任命，因為林肯選擇格蘭特，看中的是他已多次證明的打勝仗的能力，而不是因為他飲酒有節制，換句話說，不是因為他毫無缺點。

不過，林肯也是經過一番辛苦的過程，才學會這個教訓。在他任命格蘭特之前，他先後任用過三、四位將軍，他們最重要的條件都是沒有什麼重大缺點。結果從一八六一年到一八六四年，雖然北軍無論在兵力和軍備上都佔有極大優勢，卻連續三年都沒有什麼斬獲。相反的，南軍指揮官李將軍則很懂得用人之所長。李將軍麾下每一位將官都有明顯的重大缺點，但是李將軍認為這些缺點對作戰而言都無關緊要。他們個個都是某個領域的專才，李將軍只用他們的長才，而且讓他們的長處發揮最大的效能。結果，林肯任用的各方面都不錯的通才一再被李將軍手下只有一技之長的厲害專才所擊敗。

組織在用人的時候，如果一心只想避開缺點，結果頂多表現平平。拚命要尋找毫無弱點、只有長處的「十項全能」（或所謂的「全人」、「通才」或「成熟人格」），最後找到的即使不是全然無能，往往也是庸才。

強人都有嚴重的缺點。有高峰，就會有深谷，沒有人十八般武藝樣樣精通。和人類所有的知識、經驗和能力相較之下，即使最偉大的天才，表現可能都不及格。沒有所謂「優秀人才」這回事。在哪方面優秀？才是重點所在。

如果管理者只在意一個人的短處或他辦不到的事情，而不是他有哪些能力或長處，換句話說，只試圖避開他的弱點，而不是設法發揮他的長處，那麼這樣的管理者本身就是個弱者。他可能把別人的長處視為對自己的威脅。但是，沒有任何管理者會因為部屬能幹、工作成效卓越而受害。就管理者的效能而言，美國鋼鐵工業之父卡內基（Andrew Carnegie）的墓誌銘可說最一針見血：「長眠於此的人懂得善用比自己優秀的人才。」但是他口中的那些人當然每一位都比他「優秀」，因為卡內基看中的是他們的長處，而且也能讓他們發揮所長。因此，他屬下每一位鋼鐵主管都在某個領域或在某項工作上勝過他，不過卡內基在他們之間扮演高效能管理者的角色。

另外一個關於李將軍的故事充分說明善用人之所長的意義。李將軍麾下有一

位將領沒有依照李將軍的命令行事，以至於原本的計畫破功，而且已經不是第一次發生這種狀況。一向很能控制脾氣的李將軍這次再也忍不住，終於發飆。當他慢慢冷靜下來以後，一位助理必恭必敬地問：「你為什麼不解除他的指揮權？」據說李將軍轉過頭來，很驚訝地看著助理說：「你怎麼問這麼荒謬的問題——他表現得很好啊。」

高效能的管理者很清楚，公司付他們的部屬薪水，是為了要他們展現績效，而不是討好上司。他們知道只要歌劇名伶能招徠顧客，無論她發多少次脾氣都沒有關係。畢竟歌劇院請經理人來上班，就是要他忍受歌劇名伶的脾氣（如果她唯有藉著發脾氣，才能讓歌藝登峰造極的話）。一流的教師或出類拔萃的學者是否懂得討系主任歡心，或在教職員會議中表現得隨和可親，其實一點也不重要。學校付校長或主任薪水，就是希望他們能提高一流教師或學者的工作效能。即使因此在日常行政作業上帶來一些不愉快，付出的代價仍然算是便宜。

先問：「他能做什麼？」

高效能的管理者絕不會問：「他和我合不合得來？」而會問：「他能有什麼貢獻？」

絕不會問：「他有哪些事情辦不到？」而總是問：「他能把什麼事情做得特別好？」用人的時候，他們看重的是這個人能否在某方面出類拔萃，而不是希望他各方面都有所表現，但卻表現平平。

尋找自己最擅長的領域並發揮所長，是每個人的天性。事實上，所有關於「全人」或「成熟人格」的討論，都隱藏著對人類特有天賦（人類集中所有資源於某項活動、某種努力或某個領域，力圖有所成就的能力）的蔑視；換句話說，這類討論是在篾視卓越的價值，因為每個人都只能在某個領域或極少數幾個領域達到卓越水準。

世上的確有很多人興趣廣泛，而當我們談到「全才」時，往往就是指這種人，但沒有人能同時在許多領域都有極為傑出的成就。即使是多才多藝的達文西，也只有在設計領域表現出色；如果歌德的詩作沒有流傳下來，那麼世人就只知道他對光學和哲學略有涉獵，大多數的百科全書可能甚至連註腳都不見得會提到歌德。偉人尚且如此，更何況我們這些平凡人呢。因此，除非管理者能用人之所長，否則他就得承受部屬力有未逮之處，以及部屬的短處和弱點對績效、效能造成的阻礙。根據別人力有未逮之處來評估是否用他，把焦點放在一個人的弱點上，完全是在浪費時間，即使不是濫用，也是在誤用人力資源。

用人之所長是為了要求績效。管理者如果不先問：「他能做什麼？」就注定要接受同事較差的表現，得到的成果遠遜於同事真正能做出的貢獻，因為他已經預先為對方的缺乏績效找到藉口。他採取了消極的態度，而非批判性的態度，而且也不切實際。真正「要求嚴格的上司」總是先著眼於一個人應該能做好的事情上，然後再要求他實際把事情做好。

用人時只圖避開員工的弱點，反而會戕害組織的目的。組織是一種有力的工具，能讓一個人發揮長處、推升績效，讓他的短處大半消弭於無形或變得無害。強人不需要組織，也不想要組織，他們獨立作業的成效可能更佳。但其他大多數人沒這麼厲害，可以超越自己的限制，單單讓長處發揮效用。人際關係專家總愛說：「你不可能只雇用一隻手，而不管他整個人。」同樣的，一個人不可能只有長處，一定也會有缺點。

但在規畫組織結構時，我們可以設法讓弱點侷限為個人的弱點，而不會影響到工作和成果，讓長處充分發揮效用。自行開業的稅務會計師可因為不擅與人相處，而受到極大限制。但組織可以讓這類人擁有自己的辦公室，不必和別人直接接觸。只懂財務、不懂生產或行銷的人如果去做小生意，很可能碰到麻煩。但在大一點的企業裡，你很容易就可以讓真正懂財務的專才發揮所長。

這不表示高效能的管理者對同事的弱點視而不見。管理者明白，自己的職責是讓瓊斯做好稅務會計的工作，然而他對瓊斯與人相處的能力並不抱持幻想，所以絕不會任命他擔任管理職。

組織裡還有很多人非常善於和別人打交道，只不過一流的稅務會計師多半不是這種人。所以這個人（及其他許許多多的人）能做的工作和組織息息相關，而他力有未逮之處則不過是他的個人限制罷了。

不要因人設事

你可能會說，這些不都是顯而易見的事實嗎？果真如此的話，為什麼大家很多時候都不這樣做呢？為什麼真的能用人之所長（尤其是善用同事的長處）的管理者寥寥無幾？為什麼林肯用人時三度著眼於部屬的缺點後，才懂得用人之所長？

主要原因在於，管理者的當務之急不是知人善任，而是填補職務空缺。因此，他們出於天性，會先考量職務要求，尋找能填補空缺的人選。只是這樣一來，很容易會受到誤導，而尋找「不適任條件最少的人」，結果找到的人往往很平庸。

眾所周知，這個問題的解方就是把職務設計得符合現有人選的人格特質。但除非這是個極小而單純的組織，否則這個解方比問題本身還要糟糕。職務的設計必須客觀，也就是說，根據任務來設計，而非因人設事。

其中一個原因是，組織中任何在定義、結構和職位上的改變，都會在整個機構中引發一連串連鎖反應和變動。組織中的職務乃是相互依存、環環相扣的。我們不可能只為了某個職位要換人做做看，就改變每個人的工作內容和職責。因人設事到頭來幾乎一定會在職務要求和現有人才之間，出現愈來愈大的差距，結果會為了安排某個人的職務，而將其他一些人連根拔起，到處安插。

並不是只有在政府機構或大型企業等官僚組織中才是如此。如果某人要在大學中教生物學概論，這個人必須是個好老師，而且是生物學專家。然而無論這位教師原本的興趣和研究方向為何，這門課的內容必須廣泛地包含生物學的基本教材，授課內容是根據學生的需求來決定，也就是有客觀的標準，無論誰擔任這門課的講師，都必須接受這點。當交響樂團的第一大提琴手出缺時，樂團指揮根本不會考慮找一位雙簧管吹得一級棒、大提琴卻拉得很糟的音樂家來填補，即使這個人的音樂造詣比所有大提琴手更出色。樂團指揮不會為了安插這個人，而改寫交響樂曲。歌劇院經理很清楚忍受歌劇名伶的壞脾氣是自己的職責，但當節目單上印的曲目是〈托斯卡〉時，他仍然期望她唱的就是〈托斯卡〉。

但是，對職務堅持公正客觀的標準，還有一個更微妙的理由就是，唯有如此，才能獲得組織需要的各種人才，也唯有如此，才能包容（和鼓勵）各種性情和性格不同的人能在組織中並存。要容忍歧異，組織中的關係必須著眼於「事」，而非「人」，必須以客觀的標準來衡量每個人的貢獻和績效。但唯有當組織能公正客觀地定義和設計職務時，才可能如此。否則大家都會把焦點放在「誰對誰錯」，而不是「怎麼做才對」。很快的，制定人事決策時，最主要的考量將是：「我喜不喜歡這個傢伙」或「大家能接受他嗎？」而不是：「他是不是最有可能在這個職位上表現傑出的人選？」

因人設事幾乎一定會造成偏頗和同質性過高，沒有任何組織經得起這些負面效應。組織做人事決策時，必須客觀公正、不偏不倚，否則就會流失優秀人才，或打擊他們的工作熱忱。而且組織也需要多樣化地任用各種人才，否則將失去改變的能力，也缺乏不同意見的刺激，而這些都是正確決策所不可或缺的（在後面章節中將有更深入討論）。

絃外之音是，能打造一流管理團隊的人通常和同事及部屬的關係不是太親密。他們挑選人才時，根據的是每個人的才幹，而非單憑個人喜好。他們看重的是績效，而非服從性。為了達到這樣的結果，他們刻意和親近的同事保持距離。

大家經常提到，林肯其實是在（比方說）和作戰部長史戴頓（Edwin Stanton）之間親密的私人關係慢慢冷淡下來、保持距離以後，才成為高效能的執行長。羅斯福總統在內閣中沒有任何「朋友」，甚至連他的財政部長，以及在所有非政府事務中扮演他左右手的馬根索（Henry Morgenthau）都不是。馬歇爾將軍和史隆對人同樣冷淡。他們原本都很有熱誠，需要親密的人際關係，也都有結交朋友和保持友誼的天賦，但他們知道友誼必須和工作分開。他們知道，他們是否喜歡某個人或贊同某個人根本無關緊要。當他們和朋友保持距離後，才能打造擁有各種長才、具備高度多樣性的團隊。

當然，是否因人設事總是有例外的情況。即使是堅持客觀標準的史隆，在設計通用汽車公司早期的工程組織時，都遵照偉大發明家凱特靈（Charles F. Kettering）的觀念。羅斯福打破用人的每一條規則，讓風燭殘年的霍普金斯得以做出獨特的貢獻。但例外的情況應該非常罕見，只有對已經展現非凡的能力、能夠以卓越水準開創傑出成就的人才，才能破例。

對「不可能」的任務保持警覺

那麼，高效能管理者應該如何用人之所長，而不會掉入因人設事的陷阱呢？

一般而言，他們都遵循四個規則：

首先，他們不會一開始就假定所有的職務都是渾然天成、是上帝創造的產物。他們知道工作乃是由非常容易犯錯的人設計的。他們因此永遠對「不可能」的任務——非凡夫俗子能力所及的工作保持警覺。

我們經常看到這樣的工作。這類工作通常在紙上規畫階段都顯得非常合理，卻一直找不到能做好這項工作的適當人選。組織不斷嘗試一個又一個過去績效良好的員工，卻沒有一個人能勝任。他們總是在六個月或一年後，就遭到挫敗。

這類工作最初幾乎都是為了安插某個特殊人物、配合他的習性而量身打造的職位，而且通常都要求做這個工作的人兼具各種性情和特質，而這些特質是很難在一個人身上全部找到的。一個人可以獲得各種不同的知識和技能，但是無法改變自己的性情和特質。所以，這樣的工作規畫根本行不通，是扼殺人才的做法。

規則其實很簡單：如果連續任用兩、三個人都無法勝任某項職務（即使他們過去在其他職位上都表現優異），那麼或許是職務的規畫有問題，必須重新設計。

舉例來說，每一本討論行銷學的教科書幾乎都把銷售管理及廣告促銷放在同一部門，隸屬同一位行銷主管。不過根據大眾消費性商品知名品牌製造商的經驗，根本不可能由同一個人來承擔像這樣的整體行銷工作，因為這類業務既要求賣場銷

售的成效（商品的流通），同時也需要高效能的廣告和促銷活動（打動顧客）。兩種業務性質會吸引到不同性格的人，同一個人身上很難兼具兩種特質。

美國大型大學的校長職位也屬於這類不可能的任務。至少根據我們的經驗，即使許多校長過去在其他職位上長期都締造許多重要的成就，卻只有少數大學校長算是成功的任命。

另外一個例子或許是大型跨國企業的國際部副總裁。當境外的生產和銷售比重愈來愈高，超過總量的五分之一時，企業往往會把「非母公司」的業務歸屬同一個單位管轄，結果就創造了一個根本行不通、只會扼殺人才的職務。所以應該重新規畫工作，要不就是把全球業務分成不同的產品事業群（例如像荷蘭飛利浦公司的做法），要不就是根據主要市場共同的社會或經濟特性來區分。比方說，或許可以把國際部副總裁的工作分為三個職務：一個人負責管理工業化國家的業務（包括美國、加拿大、西歐和日本）；另一個職務涵蓋開發中國家的業務（包括拉丁美洲的大部分、澳洲、印度和近東地區）；第三個人負責管理其餘未開發國家的業務。許多大型化學公司都採取這種做法。

今天世界強權國家的大使也碰到相同的困境。他所管轄的大使館，活動範圍極為廣泛而龐雜，超出個人的管理能力所及，以至於大使往往沒有時間、幾乎也必然沒有興趣從事他的首要之務：了解他所派任的國家，以及其政府、政策和人民。雖然麥克納馬拉先生在五角大廈展現了令人折服的管理能力，我仍然不相信天底下有任何人有可能做好美國國防部長的職位（雖然我得承認我想不出替代方案）。

因此，高效能的管理者首先必須確定職務都經過良好的設計。如果他根據經驗判斷並非如此，那麼他不會大力延攬天才來擔負這項不可能的任務，而會重新設計職務。他很清楚，組織真正的考驗不在於能否找到天才，而在於是否能讓凡夫俗子也達到非凡的成就。

把工作做大

用人之所長的第二個原則是，必須嚴格要求每個職務，讓每個職務都變得很重要。工作必須具有挑戰性，才能激發員工潛藏的才能。必須擴大每個職位的格局，員工才能充分施展與職務相關的長才，產出重要的成果。

然而大多數的大型組織卻沒有採取這樣的政策，反而把工作變小了——唯有當員工依組織的規畫，必須在某個特定時刻，達成某種特定成果時，這樣做才算合理。我們在每個職位上都必須讓員工發揮他原本的長處。任何職務的要求都必然會改變，而且往往在突然之間改變，這時候，原本的「絕配」很快變得格格不入。唯有從一開始就提高職務的重要性和要求，員工才能自我提升，在變動的環境中不斷達到新的要求。

這個原則特別適用於剛起步的知識工作者。無論他的專長為何，都應該給他機會充分發揮長才。知識工作者的第一份工作所樹立的標準，往往會在往後的生涯發展過程中持續引導他，他也會用同樣的標準來自我評估和衡量自己的貢獻。知識工作者在成年後獲得第一份工作前，都沒有機會展現實質的績效。他在學校裡只能展現出可能的潛力。無論是在實驗室中做研究、擔任教師、在企業或政府機構上班，知識工作者都唯有透過實際的工作，才能呈現出真正的績效。但是對知識工作的新手而言，以及對組織中其他人而言（包括他的上司和同事），最重要的事情是弄清楚他實際上能做什麼。

對知識工作者而言，盡早發現自己是否擺對位子或找到最適合自己的工作，也同樣重要。今天已經有許多可靠的測驗，可以測出一個人的性向和技能是否適合某種勞力工作。你可以預先透過測驗了解某個人有沒有可能成為優秀的木匠或機械師。然而知識工作需要的不是某種特殊技能，而是各種才能的組合配置，唯有透過實際績效的考驗，才能充分顯示這個人是否擺對了位子。

木匠或機械工的工作是經由他們的手藝來定義，不同工廠的標準沒有太大的差別。至於知識工作者能否對組織有所貢獻，組織的價值及目標和知識工作者的專業知識與技能同等重要。某個年輕人的專長正好適合某個組織，對另外一個組織而言，卻可能完全不適合，儘管在外人看來，兩個組織沒有什麼差別。所以第一份工作應該無論對新人或組織而言，都是很好的檢驗。

不但在不同型態的組織（例如政府機構、大學或企業）會發生這樣的狀況，即使同樣型態的組織也一樣。我尚未見過任何兩家大企業擁有相同的價值觀，重視相同的貢獻。每一位學術界的主管都知道，某個人可能在某家大學教書時覺得如魚得水，貢獻卓著，到了另外一家大學卻變得迷惘失落不快樂，挫折感很重。雖然美國文官委員會千方百計要讓所有政府部門都遵循相同的規則、使用相同的標準，但政府機構一旦存在幾年後，就會發展出自己的個性。為了讓員工（尤其是專業人員）展現工作成效，並有所貢獻，每個機構對員工行為都有不同的要求。

年輕人要轉換工作或調動職位還很容易，至少西方國家普遍接受高流動率。不過一旦你在某個組織裡待了十年以上，要轉換跑道就愈來愈困難，對於缺乏效能的人而言，尤其如此。因此，年輕的知識工作者應該早早就問自己：「如果要充分發揮我的長處，我目前從事的是不是最適合我的工作，我有沒有被擺在對的位子上？」

但如果年輕人的第一份工作格局太小、又太容易，工作的規畫只是為了彌補他的經驗不足，而不是激發他的潛力，讓他發揮所長，那麼就無法問這個問題，更遑論回答問題了。

每個針對年輕知識工作者的調查，無論對象是陸軍醫療隊的醫生、實驗室的化學家、工廠的會計師、工程師或醫院的護士，都得出同樣的結果。通常能力受到挑戰並能充分發揮所長的人，對工作也充滿熱忱，並能展現工作成效。而深感挫敗的人都以不同方式表示：「我懷才不遇，沒辦法充分發揮我的才能。」

對年輕的知識工作者而言，如果工作缺乏挑戰，他們不是另謀他就，就是很快進入早熟的中年期，變成牢騷滿腹、憤世嫉俗、沒有貢獻的老油條。每個地方的管理者都抱怨，許多充滿熱忱的年輕人很快就變得槁木死灰。其實他們只能怪自己：由於他們丟給年輕人的工作格局太小，以至於澆熄了他們胸中的火苗。

績效評估——主管最討厭的工作？

第三個規則是：高效能的管理者知道他們必須著眼於員工能做什麼，而不是職務的要求。不過這表示，早在職位出缺、必須決定任用的人選之前，就必須及早思考這個問題，而且必須做獨立的判斷。

這也是為什麼今天的組織廣泛採用績效評估流程，定期評斷員工（尤其是知識工作者）的表現。績效評估的目的是在組織必須決定某個人是否適合擢升到更重要的職位前，先對他有所評價。

不過，儘管幾乎每個大型組織都有自己的績效評估流程，但很少真正採用這個制度。這種情形一再發生：管理者一方面說他們當然會對每個部屬做績效評估，而且至少每年一次，另一方面他們也表示，就他們所知，上司從來不曾評估他們的績效。我們也一再看到績效評估表格靜靜躺在檔案櫃裡，需要做人事決策時，沒有人會把績效評估結果拿出來看，每個人都把這些表格當作沒有用的文件。原本上司應該在績效評估後，和部屬一起坐下來懇談，討論績效評估中的發現，也就是所謂的「評估面談」，但毫無例外的，主管幾乎都不這麼做。有一本管理新書在廣告中將績效評估面談列為主管「最討厭的工作」，由此可見問題出在哪裡。

今天絕大多數組織採用的績效評估方式，最初乃是臨床心理師和變態心理學家為了自己的目的而設計的。臨床心理治療師受的是治療病人的訓練，因此他自然會思考病人到底是哪裡出了問題，而不是病人哪些地方很正常。他也理所當然會假定除非有什麼困擾，否則病人不會來向他求助。所以，臨床心理師或變態心理學家會把評估當作診斷某個人弱點的方式，也就不足為奇了。

我開始接觸到日本式管理時，才意識到這點。有一次在主持關於主管培育的研討會時，我很驚訝地發現，當天出席的日本大企業高階主管沒有一位採用績效評估制度。我問他們為什麼不用，其中一位回答：「你們的評估表只關心員工有什麼缺失和弱點。由於我們既不能解雇員工，也不能拒絕讓他升遷，因此對於績效評估毫無興趣。相反的，我們愈不了解員工有什麼缺點愈好。我們需要知道他們有什麼長處，以及可以做哪些工作。你們的評估表格對這些完全沒有興趣。」西方的心理學家，尤其是設計評估表的那些人，很可能不同意他們的說法。但無論日本、美國或德國的主管，對於傳統績效評估方式都抱持著這樣的看法。

西方社會或許應該思考日本人的成功帶來的教訓。每個人都曾聽過日本人的「終身雇用制」。一旦企業雇用了某人，他就會依照年齡和年資，在他所屬類別中一步步往上爬，不管是工人、白領員工、專業人員或主管，大約每隔十五年，薪水就會加倍成長。他不能離開公司，公司也不能解雇他。唯有年齡超過四十五歲、升到高層的員工才會有所差異，這時候，公司會根據才能和功績，挑選其中少數幾位升上高階主管的位子。這樣的制度怎麼可能達成日本人高度要求的成果和生產力呢？答案是，他們的制度迫使日本人不那麼重視弱點。正因為日本主管不能任意解雇員工，他們總是在團體中尋找能勝任的人，他們總是用人之所長。

我並不推薦日本人的制度，這完全不是理想的制度。只有已經證明自己有能力達成績效的極少數人能承擔重要的責任。但如果西方人希望能充分享受到傳統高度流動性的好處，那麼最好採取日本人的習慣，挖掘員工的優點，善用人之所長。

上司如果只注意部屬的缺點，就會傷害他和部屬之間的健全關係。事實上，許多管理者出於本能，並沒有遵照公司政策執行績效評估制度，難怪他們會認為專門挑毛病的評估面談很討厭。治療師的職責是在病人前來求助時，和病人討論他的毛病，但是自從希波克拉提斯的時代以來，西方社會就假定醫病之間有一種特殊的專業關係，和上司及部屬之間因職權而建立的關係大不相同。在這種關係之下，幾乎不可能長期共事，難怪採用正式績效評估方式的管理者寥寥無幾。這是為了錯誤的目的，在錯誤的情況下所採用的錯誤工具。

績效評估（以及其背後的哲學）也過於重視「潛力」。但經驗老到的人都曉得，我們無法評估一個人在未來某段時間的潛力，或與他目前所做的事情非常不同的潛能。「潛力」只不過是用來形容「希望」的另一個字眼罷了。然而即使有希望，最後仍然可能沒有實現原本的希望，反而是沒有展現這方面潛能的人（或許因為沒有這樣的機會）有所表現，展現績效。

我們能衡量的唯有績效而已，應該衡量的也唯有績效。我們之所以要擴大工作的格局，讓工作更富挑戰性，這是其中一個原因，這也是為什麼我們要從組織的成果和績效來衡量一個人的貢獻，因為你只能根據預期的績效來衡量個人績效。

不過我們仍然需要某種形式的績效評估流程，否則管理者就會在錯誤的時間（換句話說，在有職位出缺時）進行人事評估。高效能的管理者通常會自行設計很不一樣的績效評估表格。

績效評估應該先列出組織期望員工在過去和目前的職位上各有何貢獻，然後將員工實際的績效紀錄與這些目標相對照。接著應該問四個問題：

一、他在哪方面表現出色？

二、因此，他或許有能力在哪些方面表現出色？

三、他需要學習哪些知識或獲得哪些技能，才能充分發揮長處？

四、如果我有子女的話，我會願意讓他們在這個人手下工作嗎？

1. 如果答案是願意，原因為何？

2. 如果答案是不願意，原因為何？

比起一般的績效評估方式，這種評估方式事實上以更批判性的眼光，看待員工的表現，但把焦點放在員工的長處上。這種評估方式先看員工有哪些長處，把弱點視為限制員工充分發揮所長、有所成就、展現效能的因素。

最後一個問題（四之2）是唯一和長處比較無關的問題。才華洋溢、雄心勃勃的年輕下屬總是喜歡以作風強勢的上司為榜樣，因此最可能腐化和摧毀組織的，莫過於作風強勢但行為腐敗的管理者。這種人在獨立作業時，或許能發揮極高的效能；即使在組織裡，如果不賦予他任何管理他人的權力，或許還算可以忍受；但若讓他大權在握，那麼勢必摧毀整個組織。所以就品格和操守而言，弱點本身就非常重要，而且影響重大。

儘管我們無法單靠品格與操守成就任何事情，但如果缺乏品格卻會誤事。因此，缺乏品格本身已足以構成不適任的條件，而不僅僅是限制績效表現和長處發揮的因素。

著重機會，而不是只看問題

最後，高效能的管理者遵循的第四個規則，是明白要用人之所長，就必須忍受他的短處。

歷史上的偉大名將通常都非常自我中心、傲慢自大和極端自戀。（反之卻不一

定正確：有很多將領雖然非常自負，自認偉大，但沒能留名於後世，成為歷史上的名將。）同樣的，如果政治人物不是打從骨子裡想要成為總統和首相，就不太可能成為令人懷念的偉大政治家，頂多只是個有貢獻的過客罷了。想成為偉大的政治家，他必須自視甚高，以天下為己任，認為這個世界（或至少國家）迫切需要他的領導。（不過同樣的，反之不一定正確。）如果當時需要的是能力挽狂瀾、在危局中指揮若定的領導才能，那麼人民就必須接受像英國首相迪斯雷利（Benjamin Disraili, 1804-1881）或美國總統羅斯福的領導，而不要太擔心他們不夠謙虛。的確，任何偉人在他的貼身男僕眼中其實一點都不偉大，然而大家該嘲笑的是那位男僕，因為他眼中所見到的各種習性和癖好，都和這個人之所以能名留千古的偉大功業毫無關係。

因此高效能的主管會問：「這個人是否有某方面的專長？他的專長是否和這個任務有關？如果他在這個領域有卓越的表現，會不會造成很大的差別？」如果答案是肯定的，他就會任命這個人擔任這項職務。

高效能的管理者從來不會妄想三個臭皮匠一定會勝過一個諸葛亮。他們知道，兩個庸才達到的成就可能比一個庸才還糟糕，因為他們會互扯後腿。他們明白，必須具備特定的才能，才能達成績效。他們從來不會只說「優秀人才」，而會談到很適合某個職務的人才。無論任何職位出缺，他們都會努力尋找這方面的長才，希望所用的人能發揮所長，追求卓越。

這也表示，他們用人時注重的是機會，而不是問題。

他們尤其無法忍受別人說：「我不能不用他，否則就會出問題。」他們都曉得，任何人如果變得「不可或缺」，只有三個原因：第一，這個人其實很無能，唯有受到小心保護，才能生存；第二，他碰到一位軟弱無能的上司，只能仰賴他的長才，因此他的才能遭到誤用；第三，上司為了拖延不處理某個嚴重問題或甚至為了遮掩問題，而濫用他的長才。

無論是哪一種情況，都應該盡快將這個「不可或缺的人」調離原先的職位，否則只會摧毀了他原本的長處。

我們在前一章曾提到一位企業執行長，他採用非傳統方式讓一家大型連鎖店的主管培育政策發揮很好的效果，在他的公司裡，如果有任何主管描述某位部屬不可或缺，那麼這位部屬自然就會被調職。他說：「因為這意味著不是這位上司沒什麼用，就是部屬無能，或兩者皆是。無論是哪一種原因，都愈早知道答案愈好。」

總而言之，牢不可破的原則是，任何職位出缺時，一定要拔擢過去績效證明最能勝任的人。所有相反的論點，例如：「他是不可或缺的」……「其他同事不會接受他」……「他太年輕了」……或「我們從來不會讓沒有實務經驗的人來坐這個位子」等，都應該置之不理。不只是因為應該把最優秀的人才放在這個位子上，而且應該讓已經證明工作績效的員工贏得這個機會。用人時著重機會，而不是問題，不但能塑造出最有效能的組織，而且也能提高員工的工作熱忱和全力以赴的精神。

相反的，管理者的責任是毫不留情地調動或開除任何無法展現卓越績效的員工，尤其是經理人。讓這樣的人繼續留任會腐化其他員工，對整個組織或他的部屬都非常不公平，因為上司能力不足，會剝奪部屬有所成就和受到肯定的機會。更重要的是，這樣做對這個人也很殘忍。無論他是否承認，他都知道自己能力不足。的確，我從來沒有看過任何無法勝任工作的人不會慢慢被壓力和張力所摧毀，他們都暗自祈禱可以早日解脫。即使日本的「終身雇用制」或西方社會各種公務員任用制度，都不會認為：因為某人能力不足而讓他去職，是嚴重的缺點或毫無必要的做法。

馬歇爾將軍的豪賭

二次大戰期間，美國馬歇爾將軍堅持任何將官如果沒有出色表現，就必須立刻解職。他認為，國家和軍方必須對受將官指揮的人負責，而讓這樣的將官繼續發號施令的話，是他們有虧職守。馬歇爾拒絕接受「但是我們找不到替代人選」這樣的理由，他指出，「重要的是你知道這個人不符合職務需求，要從哪裡找到替代人選是次要的問題。」

但馬歇爾也堅持，解除將官的指揮權時，不只評斷了這位將官，主要也對任用他的指揮官有所評斷。「我們只知道一件事，他把這個人擺錯位子了。」他指出：「這不表示就其他職位而言，他不是理想人選。任用他是我的錯，現在我也必須弄清楚他究竟能做什麼。」

總而言之，馬歇爾將軍提供了很好的典範，讓我們看到如何用人之所長。馬歇爾在一九三〇年代初次升到有影響力的職位時，美國陸軍沒有任何年輕將官足以擔當統率大軍的重任（馬歇爾自己也只差四個月就到達年齡上限。參謀長的年齡上限是六十歲，馬歇爾到一九三九年十二月三十一日就滿六十歲了，而他是在九月一日被任命為參謀長）。當馬歇爾開始挑選和訓練軍官時，日後參與二次大戰的美軍將領都還是低階軍官，升官的機會也很渺茫。當時三十來歲的艾森豪算是較年長的軍官，但連他當時都只官拜少校。然而到了一九四二年，馬歇爾已經培育出美國歷史上最龐大和最能幹的一群將官。他們幾乎全部都很傑出，沒有幾個二流人才。

這是美國陸軍史上最偉大的軍官培訓計畫，而完成這項壯舉的馬歇爾，完全沒有墮入常見的種種「領導」陷阱，例如強調個人領導魅力或像蒙哥馬利將軍、戴高樂或麥克阿瑟那樣自信滿滿。馬歇爾只服膺幾個原則，他常問的問題是：「這個人能做什麼？」如果一個人有某項長處，那麼他有什麼缺點就比較不重要了。

比方說，馬歇爾三番兩次維護巴頓將軍（George Patton），並確保這位野心勃勃、虛榮自負、而又位高權重的戰時指揮官，不會因為缺乏承平時期優秀參謀官或成功士兵的特質而受到懲處，然而，馬歇爾自己其實很討厭像巴頓這種好大喜功的戰士。

唯有當一個人的弱點會限制他充分發揮自己的長處時，馬歇爾才會關心弱點。他會試圖透過工作和生涯發展的機會來克服這個問題。

比方說，馬歇爾刻意讓年輕的艾森豪少校在三十來歲就參與戰略規畫，幫助他系統化地了解戰略，而這正是艾森豪原本比較不足的部分。艾森豪後來並未成為戰略家，但是他因此對戰略規畫多了一份尊重，也了解戰略的重要性，因此他才得以充分發揮卓越的團隊領導和戰術規畫長才，不會因為原本的弱點而受到嚴重限制。

馬歇爾總是在每個職位上任命最能勝任的人，不管這個人原本的職位是多麼需要他。每當有人（通常都是上級長官）要求他不要調動某個「不可或缺」的人時，他都如此回答：「無論為了這個職位、為了這個人或整個軍隊，我們都必須這樣調動。」

唯有一次例外：二次大戰時，羅斯福總統懇求馬歇爾留在華府，因為馬歇爾對他而言，實在是不可或缺，馬歇爾同意留下來，將歐洲戰場的最高指揮權交付艾森豪，放棄了自己一輩子的夢想。

最後，馬歇爾知道（大家都可以向他學習這點），每個人事任命都是一場豪賭。但如果根據一個人「能做什麼」來用人，至少是一場理性的賭博。

上司必須對其他人的工作負責，他也有權決定其他人的生涯發展。因此，用人之所長不只是管理者發揮效能的基本原則，也是道德上勢在必行的做法，是位高權重者的責任。把焦點放在一個人的弱點上不但愚蠢，也是不負責任的行為。上司對組織的責任就是要讓每一位部屬都盡可能一展所長，無論他的部屬有什麼長處，他都有責任、也有權力幫助部屬充分發揮長才。無論一個人有何限制或缺點，組織必須讓他得以發揮所長，有所成就。

這件事變得日益重要。過去知識型的工作不多，知識工作者受雇的範圍也很狹小。在德國或北歐政府擔任公僕必須具備法律學位，數學家根本無從申請。相反的，年輕人如果想藉由知識工作來維生，可能只有三、四種領域或職業可以選擇。今天，社會上有各式各樣的知識工作和職業可以選擇。一九〇〇年左右，實務性的知識工作領域仍是傳統行業的天下，如法律、醫療、教育和傳教等，但現在有數以百計的不同領域都需要知識工作者，而且每一種知識領域都藉由組織（尤其是企業和政府）發揮生產力。

一方面，今天的工作者可以找到最適合自己才能的知識領域和工作型態，不再需要勉強自己適應現有的知識領域和職業。但另一方面，年輕人要做出選擇愈來愈困難，因為無論是關於自己和關於可能的機會，他都缺乏充分的資訊。

因此能夠充分發揮所長，有所貢獻，對於每個人都愈來愈重要。對於組織而言，管理者能把焦點放在長處，盡力讓自己的部屬一展長才，也愈來愈重要。

在知識工作的世界中，用人之所長不管對於管理者的效能、組織的效能，以及個人和社會，都非常重要。

如何管理上司？

高效能的管理者能幫助上司發揮所長，有所貢獻。

我認識的經理人（無論他們任職於企業、政府或其他機構）幾乎都說過：「我管理部屬從來沒碰到什麼大問題，但我應該如何管理我的上司？」事實上容易得不得了，但唯有高效能的管理者才明白這點。祕訣就在於，能幫助上司發揮所長，有所貢獻。

俗話不一定都說得對，部屬通常都不是踩著無能上司的身體往上爬。如果上司沒辦法升官，他們通常也會陷入瓶頸，停滯不前。如果上司因為無能或失敗而待不下去，繼任者通常都不會是他年輕聰明的副手。組織往往會引進空降部隊，而新主管會帶著自己年輕聰明的親信來上任。相反的，如果上司非常成功，平步青雲，

那麼部屬也會隨著扶搖直上。

但是能否協助上司充分發揮所長，有所貢獻，是部屬自己能否展現高效能的關鍵。如此一來，他就能專注於自己的貢獻，而且他的貢獻也能受到上司肯定和運用。部屬因此得以實現自己的理念，有所成就。

但部屬不應該藉由逢迎拍馬，來協助上司一展長才，而是先從對的事情著手，並且以上司能接受的方式和他溝通。

高效能的管理者能接受上司也是和你我一樣的凡人（聰明的年輕部屬往往很難接受這點）。正因為上司也是人，所以有他的長處，也有他的限制。要充分發揮他的長處，換言之，協助他做到他有能力做到的事情，上司就得以展現效能，因此部屬也得以展現效能。如果你試圖用上司的短處，其結果就會像用部屬的短處一樣，落得挫敗連連，徒勞無功。因此高效能的管理者會問：「我的上司在哪方面能力特別強？」「他一向在哪方面表現特別出色？」「他需要知道哪些事情，才能充分發揮所長？」「他需要從我這裡得到什麼助力，才能有好的表現？」他不太擔心上司辦不到的事情。

部屬通常都希望「改造」上司。幹練的資深公務員往往認為自己可以教導剛

上任的政府官員。他試圖協助上司克服自己的限制。但高效能的部屬會問：「新上司能做什麼？」如果答案是：「他很善於和國會、總統府及社會大眾打好關係。」那麼資深公務員應該設法協助部長運用這些才能。因為除非具備相當的政治手腕，否則即使任用最優秀的官員和制定最好的政策，也是枉然。政治人物一旦知道部屬支持他，他會很快開始傾聽部屬對政策和行政的意見。

高效能的管理者也知道由於上司也是個凡人，他自有一套提高效能的方法，他會找到這些方法。

我認為，顯然一般人不是「閱讀者」就是「聆聽者」（只有極少數人例外，他們不是透過說話來獲得資訊，就是能敏銳地察覺與他們談話的人的反應。美國羅斯福總統和詹森總統都是這種人，英國首相邱吉爾顯然也是）。像出庭律師這樣兼具閱讀者和聆聽者特質的人，畢竟是少數的例外。大體而言，和閱讀者談話通常都是在浪費時間。因為他們唯有在閱讀之後，才會認真聆聽。同樣的，交一堆報告給聆聽者看，也是在浪費時間。他唯有從別人的口頭報告中，才會掌握到真正的重點。

有的人需要別人將資訊濃縮成一頁的摘要（艾森豪總統就是如此）；有的人需要了解提出建議者的思考邏輯，因此需要看到詳細報告，他才能充分了解這件事的意義；有的上司希望部屬向他報告任何事情時都必須包含六十頁的數據；有的上司則希望及早了解狀況，對最後的結論事先有心理準備；有的人則在事情還不「成熟」時就根本不想聽任何報告。

要適應不同的上司，部屬需要思考上司的長處為何，但要設法讓上司發揮所長，會關係到部屬「如何做」，而非「做什麼」。因此部屬向上級報告時，必須考量所有相關資訊提出的先後順序，而非僅僅依照重要性或對錯來考量。比方說，如果上司的長處是很有政治手腕，而就他所負責的職務而言，政治能力也非常重要，那麼部屬向他報告時，就應該先報告政治情勢，如此一來，上司就能很快掌握問題的核心，並有效地發揮長才，制定新政策。

所謂「當局者迷，旁觀者清」，每個人觀察別人時，都是專家，能看得比當事人更清楚。因此要協助上司發揮效能很容易，但需要把焦點放在他的長處和他擅長做的事情上，必須用人之所長，讓他的缺點變得無關緊要。管理者要提高效能最好的方法之一，就是懂得用上司之所長。

努力做自己

高效能的管理者工作時都善用自己的長處來領導，他們讓自己的長處發揮實質的貢獻。

我認識的大多數政府部門、醫院和企業界的管理者都知道自己有哪些事情不能做，他們很清楚上司不會讓他們做哪些事，公司政策不會讓他們做哪些事，以及政府不會讓他們做哪些事。結果，他們只一味抱怨自己對哪些事情一籌莫展，浪費了時間，也浪費了自己的長才。

高效能的管理者當然也很關心自己受到的限制，但是他們發現能做和值得做的事情也多得驚人。高效能的管理者經常勇往直前地辦到了其他人埋怨辦不到的事情。結果，同事們無法掙脫的束縛在他們身上不知不覺就消失了。

美國鐵路公司的管理者深知政府不會放手讓鐵路公司做任何事情。但這時候，來了一位新的財務副總裁，他還沒有學到「教訓」。於是他到華盛頓去拜訪州際商務委員會，要求他們准許他做幾件頗激進的事情。委員表示：「首先，這些事情大多數根本不干我們的事，其他事情你們必須先嘗試做做看，充分檢驗後，我們會很樂意讓你們去做。」

每當有人聲稱「他們不會准許我們做任何事情」時，他們或許是在掩蓋自己的怠惰。但即使環境中確實存在一些限制（我們在生活和工作中都要面對許多嚴格的限制），仍然可以完成許多重要、有意義且恰當的事情。高效能的管理者會找這些事情來做。如果他一開始就問：「我能做什麼？」他所找到的實際可做的事情幾乎一定遠超過他的能力和資源所及。

要讓自己的長處產生實質貢獻，了解自己的能力和工作習慣也非常重要。要了解自己如何達成工作成果，並不是非常困難。每個人長大成人後，幾乎都滿清楚自己究竟早上工作的效果比較好，或其實是個夜貓子；知道自己究竟應該很快擬出草稿，並且多修改幾遍，還是慢工出細活，字斟句酌後寫出來的文章最好；他也知道自己在公開演講時，究竟是預先準備好一篇講稿比較好，或只需要一些重點提示，還是完全無需事先準備。他還知道自己究竟是參與委員會時表現較好，還是最好獨自工作。

有的人如果在展開工作前先經過全盤思考，擬定一份細部計畫，那麼就會有最好的表現。有的人則只要大致掌握重點，就能表現出色。有的人在壓力下表現最佳，有的人則寧可有充分的時間，能在截止日期前提早完成工作。有的人是「閱讀者」，有的人是「聆聽者」。每個人都了解自己在這些方面的傾向，就好像每個人都很清楚自己究竟是左撇子還是右撇子一樣。

有的人會說，這些都很膚淺，也不一定正確，這些特徵和習慣反映了一個人的基本性格，例如他怎麼看世界，以及自己在這個世界的定位。但即使這些都是表面的觀察，這些工作習慣仍然是效能的來源，而且大多數都符合任何型態的工作。高效能的管理者很清楚這點，而且也以此為行動的依據。

總而言之，高效能的管理者努力做自己；他們不會佯裝成其他人，而會檢視自己的績效和成果，試圖找出自己的型態。他會自問：「有哪些事情在其他人眼中相當棘手、而我似乎總是能應付自如？」比方說，某人可能認為寫總結報告是很容易的事情，其他人卻覺得這是苦差事；但同時，他可能很不喜歡思考報告中提出的問題，並面對艱難的決定。換句話說，他擔任負責分析問題和呈現問題的幕僚或許能發揮較高的效能，但他不適合擔任需要發號施令的決策者。

一個人可以了解自己是否通常獨力完成專案成效最佳，也知道自己是否善於談判，尤其是情緒激動的談判，例如與工會協商合約，但同時，他也應該清楚自己通常能否準確預測工會的要求。

但大家談到一個人的長處和短處時，心裡想到的通常都不是這些事情。他們往往是指某個領域的專業知識或藝術才華。但性情其實也是影響成就的重要因素。成年人通常都頗了解自己的性情。如果要發揮高效能，他必須以他知道自己辦得到的事情為基礎，同時採用他發現最有效能的方式來做這件事。

用人之所長是一種態度

和本書中談到的其他事情不同的是，要發揮所長，有所貢獻，不只關係做事的方法，同時也是一種態度，但態度可以因為做法而有所改善。如果一個人能鞭策自己詢問同事、部屬和上司：「這個人能做什麼？」而不是：「這個人有哪些事情辦不到？」他很快就可以培養起用人之所長的態度，最後，他將懂得問自己這個問題。

在組織中每個展現效能的領域，管理者都盡量創造機會、減少問題，這在管理人的時候尤其重要。高效能的管理者把人（包括他自己）視為機會，他知道唯有發揮人之所長，才能產出成果。弱點固然只會製造頭痛——然而毫無缺點本身無法產生任何成果。

更重要的是，高效能管理者知道任何群體的標準都是透過領導人的績效來決定。因此領導人的績效一定要奠基於他真正的長處。

體育界早就了解，一旦運動員締造了新紀錄，全世界每一位運動員就有了新標準和努力的目標。多年來，沒有人能在四分鐘內跑完一英里，突然之間，班尼斯特（Roger Bannister）打破了舊紀錄，很快的，全世界每個運動俱樂部的短跑選手都愈來愈接近這個紀錄，而新的短跑健將也開始打破四分鐘的障礙。

在人類事務上，領導人和一般人的差距是個常數。所以如果領導人的水準很高，平均水準也會隨之上揚。高效能的管理者知道，要提高一位領導人的表現，要比提高所有人的表現容易得多。因此他必須樹立標準，將達成卓越績效的人放在領導人的位子上。

管理者的職責不是改變別人，管理者的任務是善用每個人所擁有的長處、健康的體能和雄心壯志，來擴大整體績效。

THE Effective Executive

善用人之所長

- 高效能管理者會根據員工的能力來安排職位和決定升遷。他制定人事決策時，考量的不是如何找到缺點最少的人，而是如何充分發揮一個人的長處。
- 高效能管理者絕不會問：「他和我合不合得來？」而會問：「他能有什麼貢獻？」絕不會問：「他有哪些事情辦不到？」而總是問：「他能把什麼事情做得特別

好？」用人的時候，他們看重的是這個人能否在某方面出類拔萃，而不是希望他各方面都有所表現，但卻表現平平。

● 高效能管理者用人時都遵循四個原則：
一、他們確定職務都經過良好的設計。他很清楚，組織真正的考驗不在於能否找到天才，而在於能否讓凡夫俗子也達到非凡成就。
二、嚴格要求每個職務，讓每個職務都變得很重要。工作必須具有挑戰性，才能激發員工的潛能。
三、高效能管理者知道他們必須著眼於員工能做什麼，而不是職務的要求。
四、高效能管理者知道要用人之所長，就必須忍受他的短處。他們用人時注重的是機會，而不是問題。

● 績效評估應該先列出組織期望員工在職位上有何貢獻，然後將員工的實際績效與目標相對照。接著應該問四個問題：
一、他在哪方面表現出色？
二、因此，他或許有能力在哪方面表現出色？
三、他需要學習哪些知識或獲得哪些技能，才能充分發揮長處？

四、如果我有子女的話，我會願意讓他們在這個人手下工作嗎？

1. 如果答案是願意，原因為何？

2. 如果答案是不願意，原因為何？

● 儘管我們無法單靠品格與操守成就任何事情，但如果缺乏品格，卻會誤事。因此，缺乏品格本身已足以構成不適任的條件。

● 高效能管理者能幫助上司發揮所長，有所貢獻。他會問：「我的上司在哪方面能力特別強？」「他需要知道哪些事情，才能充分發揮所長？」「他需要從我這裡得到什麼助力，才能有好的表現？」

習慣4

先做最重要的事

如果高效能管理者真的有任何「祕訣」的話，那麼祕訣就在於「專注」。高效能管理者都先做最重要的事，而且一次只專心做一件事。

需要專注不只是管理工作的本質，而且也根植於人類天性。有好幾個明顯的理由：需要的重要貢獻總是太多，而時間永遠不夠。許多人分析管理者的貢獻後都發現，管理者的重要工作多得嚇人；而對管理者時間的分析也發現，管理者真正花在有實質貢獻的工作上的時間少得可憐。無論管理者多麼善用時間，大部分的時間仍然不是他所能掌控，因此對他們而言，時間永遠不夠。

管理者愈專注於提升貢獻，就愈需要可連續運用的大量完整時間；管理者愈能轉移焦點，不再成天忙著達到成果，就愈能持之以恆地辛勤耕耘，產生實質貢獻——換句話說，必須花很多時間耕耘，才能真正有收穫。然而即使管理者只是想要有半天或兩個星期的時間能真正發揮生產力，都必須有嚴格的自我紀律和鋼鐵般的意志力，對不重要的事情說「不」，才能發揮效能。

同樣的，管理者愈努力發揮所長，有所貢獻，就愈清楚必須將有用的長處集中發揮在掌握重大機會上，因為唯有如此，才能達到成效。

我們大多數人即使一次只做一件事，都已經感到很困難，遑論一心二用了，所以必須集中心力，才能把事情做好。人類基本上是「多功能的工具」，確實有能力同時做許多件事情，但是如果要讓人類產生最大貢獻，最好的辦法是讓人類把多種才能都用在一個工作上、專注於一項成就上。

馬戲團的特技人員能同時把好幾顆球拋在空中，然而即使是他們，都只能玩這個把戲十分鐘。時間一久，很快的，所有的球都會掉下來。

當然，一樣米養百樣人，不能一概而論。有人確實同時做兩件事時的表現最佳，因為如此一來，他們可以轉換不同的工作步調，前提是他們投注在兩件事情的時間必須達到最低限度。但我認為，能把三件重要事情同時做得很好的人就寥寥無幾了。

當然，莫札特似乎可以同時作好幾首曲子，而且首首都是傑作。但就我所知，他是唯一的例外，其他產量豐富的一流作曲家——例如巴哈、韓德爾、海頓、或威爾第，一次都只專心作一首曲子。他們一定會等到完成了一首曲子，或決定暫時罷手，把這首曲子丟進抽屜裡，才會開始作另一首曲子。但管理者很難假定自己是「管理界的莫札特」。

管理者必須專注，是因為他每天都面對這麼多必須完成的工作。他愈能集中時間、心力和資源，就愈能在更多工作上展現具體成效。

我認識的企業執行長中，成就最豐富的莫過於一位剛退休的製藥公司領導人。他初上任的時候，這家製藥公司只是小公司，而且也只在美國營運。等到他十一年後退休時，這家公司已經搖身一變為全球製藥業的龍頭。

他剛上任的頭幾年，把時間全花在決定藥物研究的方向、計畫和網羅人才上。這家公司在藥物研究上從來不曾居領導地位，而且即使只當個追隨者，都遠遠落後當時的業界龍頭。新執行長並非科學家，但他明白，公司必須在五年內停止採用領先者五年前率先開發的技術，也必須決定自己的方向。結果，不到五年，這家公司就已在兩個重要新領域奪得領導地位。

業界巨人多年前就已經在全球市場上取得領導地位，因此這位執行長接下來把心力放在打造一家國際性的公司上。他仔細分析了全球藥物使用量之後，得到的結論是健康保險及政府的醫療保健措施乃是刺激藥物需求的兩大主因。因此他總是趁某個國家擴大醫療保健服務時，適時切入當地市場，因此往往一出手就能順利攻佔過去從未踏入的新市場，而且不必和基礎穩固的國際製藥公司正面廝殺。

在任期的最後五年，他集中心力研究適合現代健康照護本質的策略，今天的健康服務很快變成了「公用事業」，由政府、以非營利為目的的醫院和半公共性質的機構（例如美國的藍十字保險公司）負擔醫藥費，然而實際負責採購藥品的人卻是醫生。無論他的策略能否成功，就我所知，在各大藥廠中，他是唯一一位曾經認真思考製藥業的策略、定價、行銷和業界關係的執行長。

任何一位執行長任內要完成規模如此龐大的任何一項工作，都很不可思議，然而他除了打造一個實力堅強的世界級組織外，還達成了三項重大成就。而他之所以辦得到，就是因為他一次只專心做一件事。

所有能完成眾多艱難任務的強人，成功的「祕訣」都在於此。他們一次只專心做一件事，結果到頭來他們花的時間比我們都少。

許多人雖然更努力工作，卻一事無成，原因是他們一開始就低估了每一項工作需要花的時間，總以為每一件事都會順利進行。然而每一位管理者都知道，沒有一件事會乖乖照計畫進行，總是會發生很多意料之外的事情，而且意料之外的事情很少帶來驚喜。因此高效能管理者都懂得衡量實際需要的時間後，再多預留一點時間。其次，一般管理者都希望加快速度、拚命趕工，結果反而更加落後。高效能管理者不會拚命趕工，他們設定輕鬆的步調，但持續穩定前進。最後，一般管理者都希望一次做好幾件事情，因此花在其中任何一項工作上的時間總是不夠。所以只要任何一件事出錯，整個計畫就全部泡湯。

將今天的資源投資於明天的機會

高效能管理者知道需要完成的工作很多，而且所有的工作都需要有效完成，因此他們都將自己的時間、精力，以及組織的時間和精力，一次只集中投入在一件事情上，而且總是先做最重要的事。

管理者專注的第一條守則就是，放棄以往缺乏生產力的做法。高效能管理者會定期檢討自己的工作計畫（以及同事的工作計畫），並且問：「如果不是已經在做這件事，我們現在還會不會這樣做？」除非答案是無條件的「會」，否則就應該停止做這件事，或大幅減少這項活動。至少他們必須確定不再投入任何資源於沒有實質貢獻的舊計畫上，而且立刻把投入昨日計畫的最佳資源，尤其是稀有的人才抽出來，把資源投入明日的機會上。

無論他們喜歡與否，不可避免的，管理者總是在不斷地擺脫過去。「今天」是昨日行動和決定所產生的結果。不過，無論一個人的頭銜和階級為何，都無法預見未來。無論昨天的行動和決定看起來多麼的勇敢睿智，都必然會變成今天的問題、危機和愚行。無論任職於政府、企業或其他機構，管理者的特定任務就是將今天的資源投資於未來。換句話說，每一位管理者都必須不斷將時間、精力和才智投注於補救或擺脫昨天的行動和決策上（無論是自己的行動和決策或前任的決策和行動），事實上，他每天花在這上面的時間遠超過他做其他事情的時間。

但是每個人至少都可以努力削減昨天遺留下來、缺乏成效的活動和工作，將昨日的束縛降到最低。

要擺脫完全的失敗從來都不會太困難，失敗的計畫或決策通常會自動消失不見。然而，過去的成功計畫即使早已不具成效，仍會持續存在許久。更危險的是原本應該成效卓著、卻不知為何不符預期的行動或計畫，我在《成效管理》（*Managing for Results*）一書中曾解釋過，這類計畫很容易變成「神聖不可侵犯、為了滿足管理階層的自我」而進行的計畫，除非毫不留情地砍掉計畫，否則這類計畫會耗盡組織的命脈，只是將最能幹的人才浪費在徒勞無功的計畫上。

每個組織都很容易染上這兩種管理病，政府機構尤其常見。政府的計畫和措施與其他機構老化的速度沒什麼兩樣，然而在政府機構中，這些計畫和措施不但被視為永久不變，而且還透過法令規章，融入體制之中，成為既得利益，在立法機構中擁有自己的代言人。

當政府力量不大，在社會生活中扮演的角色也不太重要時，還不算太危險，美國在一九一四年之前的情形就是如此。但今天的政府無法再分散資源和精力在昨天的活動上。然而我猜，美國政府有半數機構仍然在管制不再需要管制的事務，比方說，美國的州際商務委員會的主要工作仍然是保護社會大眾，防止鐵路運輸變成獨占性事業，但其實美國鐵路系統早在三十年前就不再是獨占性事業。或在大多數農業計畫中，政府只為了滿足某些政客的自大心態，而投入資金和心力於早該見效、卻從未達到目標的計畫上。

我們迫切需要有效管理的新原則，在新原則之下，政府的每個行動、每個機構和每個計畫都只是暫時性措施，超過一定年限後（也許十年左右）就自動失效，除非由外界審慎研究了計畫的成果和貢獻後，重新立法延長效期。

美國詹森總統曾在一九六五年到一九六六年，下令採用國防部長麥克納馬拉「計畫檢討」制度，針對所有的政府機構和計畫進行分析和研究，當初麥克納馬拉乃是為了剷除國防部過時而沒有生產力的工作，而發展出這個制度。這是很好的起步，也是必要的一步，但倘若我們繼續抱著傳統想法，認為除非能證明某項計畫已失效，否則所有的計畫都應繼續存在，那麼再好的研究也是枉然。我們應該假定，除非能證明計畫確實有必要，而且是有用的，否則所有的計畫都會很快失效，應該遭到淘汰。否則現代政府在不斷用各種法令規章和表格抑制社會發展的同時，也會被自己多餘的脂肪困住。

儘管政府特別容易受到組織過胖的威脅，卻沒有任何組織能夠免疫。大企業主管可能一方面大聲埋怨政府的官僚作風，另一方面又在自己公司裡加強「掌控」，但其實他什麼都控制不了；公司裡充斥著愈來愈多的研究，只不過在掩飾管理者缺乏決斷力，遲遲不肯做決定的事實；同時又為了進行種種「研究」和維繫種種「關係」，又拚命擴充幕僚人數。他可能將自己和得力助手的時間都浪費在過時的產品上，因而扼殺了明日的產品。同樣的，大聲譴責大企業過度浪費的學者，也可能在教師會議中極力爭取將某個早該淘汰的科目列為必修課程。

希望自己和組織都能發揮高效能的管理者必定會監控所有的計畫、活動和工作。他總是不斷在問：「這件事還值得做嗎？」如果不值得做，他就會立即罷手，將心力專注於少數幾項工作上，因為如果他能把這幾項工作做得很好，將能大大提升自己的工作表現和組織績效。

最重要的是，高效能管理者在推動新措施前，會先揚棄舊的做法。必須如此，才能控制組織不至於「過胖」，否則組織很快就會變得臃腫渙散，難以管理。社會組織和生物一樣，必須盡量保持精實強健的體型。

但管理者也都知道，開創新局誠非易事，總是會碰到很多問題。除非他能從一開始就未雨綢繆，設想陷入泥沼時的脫身之道，否則就注定會失敗。然而要順利推動新措施，唯一有效的方法是讓過去績效卓著的幹才來擔當重任，而這種人才總是忙碌不堪。除非管理者能減輕他原本的工作負荷，否則很難寄望他能承接新任務。

另外一個辦法——外聘新人來承擔新任務，則風險太大。管理者通常會聘用新人來負責經營穩健的既有業務，但想要開創新局時，他們會任用已通過考驗的人才，換句話說，讓資深幹部來擔當重任。每一項任務都是一場豪賭（即使其他人已經做過同樣的工作許多次），因此老練的高效能管理者不會冒額外的風險，聘用外來的空降部隊。過去的慘痛教訓告訴他，在別的地方表現卓越的人才，「為我們」工作六個月後，仍然可能一敗塗地。

組織必須經常注入有新觀點的新血輪。如果組織只從內部拔擢人才，那麼很快就會變成近親繁殖，長期下來會變得積弱不振。但是如果可能的話，組織應該盡量不要引進新人到風險過高的職位上，換句話說，不隨便引進空降部隊擔任最高主管或負責推動重要的新計畫、新措施，而讓新人擔任其他較低階的主管職位，負責已明確界定、有清楚共識的計畫。

要佈新，唯一的辦法是有系統地除舊。我不曾看過任何缺乏創意的組織，「創造力」從來都不是問題，但是真的能實踐好創意的組織卻寥寥無幾，每個人都在為昨天遺留下來的工作而忙碌。組織應該定期檢討所有計畫和活動，組織需要的是可以在最死氣沉沉的官僚組織中激發創意、開創生機的做法，任何計畫或措施如果達不到這樣的成效，就應該淘汰。

杜邦公司一直遙遙領先其他世界級化學巨擘，主要原因是杜邦往往在產品和製程走下坡前就將它淘汰。杜邦不會投資珍貴的人才和資金來捍衛昨天。然而無論在化學界或其他產業，大多數公司都沒有遵循這個原則，他們總愛說：「這是我們賴以起家的招牌產品，我們有責任維護這個產品的市場地位。」然而另一方面，這些公司又不斷送主管去參加各種創造力研討會，並抱怨找不到新產品。杜邦反而因為忙著製造和銷售新產品，根本無暇送主管去上課，也沒有時間抱怨。

必須除舊，才能佈新，乃是放諸四海皆準的原則。如果美國在一八二五年左右，已經設立運輸部的話，我們幾乎可以斷言，馬車到今天依然存在，而且一定是以國營事業的型態經營，接受政府鉅額補貼，還有各種出色的計畫研究如何「重新訓練馬匹」。

決定「什麼事情要押後處理」

明天需要做的事和達到的成果總是遠多於我們能夠投入的時間；明天的機會也總是遠多於現有幹才所能承擔，更遑論不斷出現的問題和危機了。

因此管理者必須決定哪些事情比較重要，哪些事情比較次要。唯一的問題是怎麼做決定——是由管理者來決定，還是由壓力來決定。但無論如何，都會根據可用的時間來調整工作，而且有多少幹練的人才足以承擔任務，也決定了組織能掌握多少機會。

如果是依照壓力大小來做決定，可以想見，許多重要事務勢必被犧牲。通常在這種情況下，都沒有時間來完成任何最耗時的工作——將決策切實轉換為行動。任何任務都必須在融入組織行動和行為中之後，才算真正完成。換句話說，必須等到其他人把這件事視為己任，願意以新方法來完成舊工作，或接受改變的必要性，把新做法變成自己日常工作的一部分，這件事才算真正完成。如果只因為沒有時間，就輕忽了這樣做的重要性，那麼之前所投入的一切心力等於白費了。然而如果管理者沒辦法專一，並設定優先順序，幾乎必然會遭到這樣的結果。

依照壓力大小來決定優先順序，還會產生另外一個可以預見的結果——經營團隊總是無法善盡其責，因為高階經營團隊的任務並非解決昨日的危機，而是為明日開創新局，但這件事永遠可以慢一點再做。

因此，管理者在壓力下，總是傾向優先解決昨日的危機。完全屈服於壓力的經營團隊尤其容易輕忽一項其他人無法取代的工作——疏於注意組織外部的情況，並因此和唯一能展現組織成效的現實嚴重脫節。

壓力下的決策總是著眼於內部問題甚於外界狀況，重視已經發生的過去甚於未知的未來，聚焦於危機處理甚於開創新機，著眼於立即可見的問題，而不去看清真實狀況，重視急迫性甚於重要性。

不過，重點不在於設定優先順序。要決定什麼事情需要優先處理其實很容易，每個人都辦得到，然而能專注於重要事務的管理者卻寥寥無幾，原因在於要決定「什麼事情要押後處理」，換句話說，決定不處理哪些問題，而且能堅持這個決定，十分困難。

大多數管理者都知道，任何事情一旦延後處理，事實上就等於不處理。許多人都認為，最棘手的事情莫過於沒有在一開始就把事情處理好，而拖延到最後才處理，因為這時候幾乎注定早已錯失最佳處理時機，而任何努力要成功的話，時機幾乎是最重要的因素。五年前稱得上是洞燭機先的聰明舉動，如果等到五年後才展開，幾乎注定會失敗。

一對在二十一歲時幾乎結為連理的年輕人，分別遭遇喪偶之痛後，在三十八歲時再度重逢，然而他們復合後婚姻卻不美滿。如果他們當初在二十一歲的青春年華結婚，就有機會一起成長。但在分離的十七年歲月中，雙方都改變了，各自踏上不同的人生道路，距離愈來愈遠。

過去立志當醫生的男方後來被迫從商，五十歲時，他已經是個成功的商人。他決定重拾舊愛，進入醫學院就讀，但卻不太可能真的完成學業，遑論成為名醫了。當然，如果他有一股特別強烈的驅動力，例如由於虔誠的宗教信仰，他想要行醫佈道，那麼或許有可能成功。否則的話，他會發現醫學院背誦式的學習方式簡直令人難以忍受，而行醫也是一份單調沉悶的工作。

有一樁購併案，六、七年前看似天作之合，只不過因為其中一家公司的總裁不願屈居別人之下而破局。六、七年後，即使那位硬頸的總裁終於退休，這樁購併案無論對哪一方而言，恐怕都不再速配。

當管理者延後某項計畫時，其實就幾乎等於宣告放棄，因此許多管理者不願把任何計畫押後。他們雖然明知某項計畫並非首要之務，但又不願冒延後處理的風險，因為他們的輕忽可能造就對手的勝利。沒有人能保證，政治人物或政府官員決定延後處理的政策，不會釀成危險而熱門的政治議題。

舉例來說，無論艾森豪總統或甘迺迪總統，都不認為民權問題是他們的首要

之務。詹森總統剛上台時，也不急著處理越戰問題和外交事務。這大致可以解釋，為什麼後來當局勢發展迫使詹森改變政策優先順序時，最初支持詹森「對抗貧窮」政策的美國自由派人士會有如此激烈的反應了。

決定「何者要押後」從來都不討喜。每個押後處理的事項都是某人心目中的首要之務。列出「優先處理」的清單，然後面面俱到地每件事都蜻蜓點水般一次做一點點，顯然要輕鬆多了，如此一來，每個人都皆大歡喜。當然最大的缺點是最後會一事無成。

關於如何釐清優先順序，可以談的事情很多，但真正重要的不是明智的分析，而是有沒有勇氣：

- 選擇未來，而不是過去；
- 著眼於機會，而不是問題；
- 選擇自己的方向，而不是隨波逐流；
- 拉高企圖　把目標放在能真正發揮影響、帶來改變的事情上，而不是很容易達到的「安穩」目標。

許多有關科學家的研究早已顯示，科學成就的大小（此處指的當然不是像愛因斯坦、波耳或浦朗克等天才型科學家的成就）主要取決於科學家追求機會的膽識，而非研究能力的強弱。

科學家選擇研究主題時，如果只著眼於是否可能快速成功，而不是基於問題的挑戰性，那麼在研究上就不太可能有卓越的成就。這樣的科學家所產出的論文或許會被多位科學家引用，出現在其他論文的註腳中，但卻不太可能會有任何物理新定律或新觀念以他們命名。成就卓著的科學家乃根據問題能開創的新機會來決定研究的優先順序，其他的標準在他們眼中，都只是基本條件，而非決定性因素。

同樣的，成功的大企業往往都致力於發明新科技或開創新事業，而不是僅在既有的產品線中開發新產品，其實小發明和大發明在過程中都同樣辛苦，也同樣冒險和充滿不確定，然而將機會轉化為成果，要比單單解決問題（只是回復昨日的平衡狀態）的貢獻更大。

必須不斷根據現實狀況來調整「優先」和「押後」的順序。舉例來說，沒有一位美國總統能完全按照最初的施政優先順序來治理國家，層出不窮的新事件會打亂他的優先順序。事實上，完成優先要務的同時，就會改變原先的優先順序。

換句話說，高效能的管理者只專心致力於當前正在做的事情上，然後他會評估當前情勢，選擇下一步該做什麼。也就是說，管理者要成為時間和局勢的主人，而非被時間和局勢所奴役，唯一的希望就在於「專注」——有勇氣決定什麼是真正重要、應該先做的事情，並據以安排時間，掌握局勢。

THE Effective Executive

先做最重要的事

- 如果高效能管理者真的有任何「祕訣」的話，那麼祕訣就在於「專注」。高效能管理者都先做最重要的事，而且一次只專心做一件事。
- 高效能管理者會定期檢討工作計畫，並且問：「如果我們不是已經在做這件事，我們還會不會這樣做？」除非答案是肯定的，否則就應停止做這件事，或大幅減少這項活動。
- 明天需要做的事總是遠多於我們能夠投入的時間；明天的機會也總是遠多於現有幹才所能承擔，因此管理者必須決定哪些事情比較重要，哪些事情比較次要。

● 壓力下的決策總是著眼於內部問題甚於外界狀況，重視已經發生的過去甚於未知的未來，聚焦於危機處理甚於開創新機，著眼於立即可見的問題，而不去看清真實狀況，重視急迫性甚於重要性。

● 要決定優先順序，真正重要的不是明智的分析，而是有沒有勇氣：

——選擇未來，而不是過去；

——著眼於機會，而不是問題；

——選擇自己的方向，而不是隨波逐流；

——拉高企圖，把目標放在能真正發揮影響、帶來改變的事情上，而非很容易達到的「安穩」目標。

習慣5

做有效的決策

制定決策只是管理者的眾多工作之一，通常只會佔據他一點點時間，但制定決策是管理者的特定任務，因此在探討高效能管理者時，必須另闢一章來討論決策。

唯有管理者才會制定決策。的確，管理者之所以為管理者，正是因為組織期望管理者由於其特殊地位或知識，會制定對整個組織的績效和成果有重大影響的決策。

因此高效能管理者會制定有效的決策。

他們制定決策的過程是一種系統化的流程，有明確的要素和步驟。但是這個流程和今天許多書籍所說的「決策」不太一樣。

高效能管理者不會做很多決策，而會集中心力於重要的決策上。他們不會只「解決問題」，而會試圖釐清哪些決策是策略性決策，哪些是一般性決策。他們致力於制定少數幾個重要決策，都是需要高層次概念性理解的決策，試圖找出變動情勢中不變的常數，因此他們不會特別在意決策的速度，反而認為善於操弄許多變數正代表思慮草率不周。他們希望了解這是哪一種決策，希望滿足什麼樣的潛在現實狀況。他們重視的是決策的影響，而非決策的技巧；他們希望制定完善的決策，而非聰明的決策。

高效能管理者明白什麼時候應該根據原則來做決策，什麼時候應該務實地視狀況而定。他們知道最難處理的決策就是必須在對錯之間有所妥協的決策，並且學習如何明辨是非。他們知道在決策流程中最費時的步驟不是做決定，而是讓決策發揮應有的成效。除非決策能化為工作的一部分，否則就不算決策，頂多只是良好的意圖罷了。換句話說，雖然高效能的決策本身是以高度概念性的理解為基礎，但落實決策的行動應該盡量接近簡單可行的作業層次。

美國商業史上效能最高的決策者

維爾（Theodore Vail）是美國傑出企業家中最不為人知的一位，但他或許也是美國商業史上效能最高的決策者。維爾從一九一〇年之前到一九二〇年代中期，一直擔任美國貝爾電話公司（Bell Telephone System）總裁，他將貝爾電話公司打造為全世界最大的私人企業和最蓬勃發展的公司。

在美國，大家把民營電話公司視為理所當然，但是當時在全世界已開發國家中，唯有貝爾公司服務的北美地區（包括美國和加拿大兩個人口最多的省份魁北克和安大略），電訊事業並非由政府經營。而且貝爾公司也是唯一在主要市場享有獨占優勢，而且原有市場已飽和，但仍能承擔風險、快速成長的公用事業。

貝爾公司的成功絕非只是靠運氣或拜「美國保守主義」之賜，主要原因乃是維爾在這二十年間做了四個重要的策略性決策。

維爾很早就了解，電話公司想要維持獨立經營和民營公司的型態，就必須有一些獨特的做法。當時歐洲各國的電話系統全部都是國營事業，各國政府在經營電訊事業上也沒有遭遇太大的風險或困難。如果想捍衛貝爾公司的民營地位，不讓政府收歸國有，卻不能從根本解決問題，那麼只不過在拖延時間罷了。更嚴重的是，一味採取守勢，擺出防衛性的姿態只會弄巧成拙，反而限制了管理階層的想像力和活力。所以，他們必須採取一項政策：貝爾公司雖然是民營企業，卻要比任何政府機構都更積極照顧社會大眾的利益。維爾因此很早就決定，貝爾電話公司的任何業務都必須滿足社會大眾對於電訊服務的需求。

維爾上任後，便提出「貝爾公司乃是以服務為宗旨」的承諾。在二十世紀初，這樣的說法簡直是異端，但維爾大力宣揚：貝爾公司乃是以服務為宗旨，而經營團隊的職責就是實際提供這樣的服務，並從中獲利。他不是僅以宣揚理念為滿足，他堅持將主管是否提供充分的服務納入績效評估標準中，重要性甚於獲利表現。經理人必須為服務的成果負責。高階經營團隊的職責則是建立適當的組織架構和提供充裕的資金，讓貝爾公司提供最好的服務，並從中獲得最大的財務報酬。

同時維爾也明白，全國性的電訊壟斷事業不可能在經營管理上擁有充分的自由度，換句話說，貝爾公司不可能是毫無束縛的私人企業。他體認到，貝爾公司如果不想變成國營事業，唯一的方法唯有從公共管制著手。因此，正當、有效、合乎原則的公共管制反而符合貝爾公司的利益，而且對於維護其民營企業的型態有舉足輕重的影響。

然而，當維爾得出這個結論的時候，雖然美國不乏公共管制的條例，卻都成效不彰。不但企業界出現反對聲浪，法院也推波助瀾，他們緊咬住成文法典不放。再加上管制委員會本身人力不足，資金窘迫，幾乎變成酬庸三流腐敗政客的閒差事。

於是，維爾為貝爾電話公司設定了一個目標——讓管制條例發揮效能，他下令貝爾各地分公司主管把達成目標當作他們的主要任務，設法讓管制委員會起死回生，並且翻新分級觀念，制定公正的法令規章，以保護大眾利益，同時貝爾公司也得以發展電訊事業。貝爾公司將從分公司總裁中挑選高階經營團隊成員，以確保貝爾公司上上下下對電訊管制都抱持正面的態度。

維爾的第三個決策是建立工業界最成功的科學實驗室——貝爾實驗室。維爾一開始只是為了讓這家獨占性的民營企業得以生存茁壯而這麼做，但他這一回問的問題是：「怎麼樣才可以讓這樣的獨占事業真的有競爭力？」顯然他們面對的不是一般的市場競爭——沒有另外一家供應商提供顧客相同的產品或滿足相同的欲望。然而如果缺乏競爭，像貝爾這樣的獨占事業很快就會變得死氣沉沉，一成不變，無法成長和改變。

維爾的結論是，即使是獨占事業，仍然可以設法讓自己的「未來」與「現在」競爭。像電訊業這類科技產業的未來前景完全繫於他們能否提供精益求精、與眾不同的技術，貝爾實驗室因此應運而生。這個實驗室雖非美國工業界第一個實驗室，卻是第一個為了淘汰現有產品（無論現有產品多麼有效率、多麼賺錢）而設計的工業研究機構。

貝爾實驗室在第一次世界大戰期間成立時，是產業界驚人的創舉。即使到了今天，仍然沒有幾個商界人士了解，如果想達到研究成果，就必須讓研究扮演「解構者」的角色，創造出不同於以往的未來，讓明日的創新成為今天的敵人。大多數的工業實驗室所做的「防禦性研究」，都是為了延續今天的成績。但貝爾實驗室打從一開始就避開這類的防禦性研究。

如今證明維爾的觀念非常有先見之明。貝爾實驗室首先提升了電話技術，因此把整個北美大陸都納入同一個自動交換系統。接著他們又將貝爾公司的觸角延伸到維爾那個世代從來不曾夢想過的領域——例如傳輸電視節目和電腦資訊，以及通訊衛星。促成這些新傳輸技術的科技研發成果，無論是像數學資訊理論之類的科學理論，或是像電晶體或電腦邏輯和設計之類的新產品和新製程，有許多都脫胎於貝爾實驗室的研究。

最後，維爾在一九二〇年代初期快要退休前，推動大眾資本市場，起因同樣是為了確保貝爾公司能持續以民營企業的型態生存。

私人企業之所以遭政府接管，多半是因為企業無法吸引到足夠的資金，而不是因為社會主義作祟。無法吸引到充足的資金是一八六〇年到一九二〇年間歐洲鐵路被收歸國有的主因。英國煤礦和電力事業之所以收歸國有，缺乏充裕資金來進行現代化建設，當然也是重要原因。同理，這也是第一次世界大戰後的通貨膨脹時期，歐洲大陸的電力事業收歸國有的主因。當時由於歐洲的電力公司無法提高費率來因應通貨貶值，因此無法再吸引資金來進行現代化建設和拓展業務。

我們無從得知維爾做這個決定時，是否已看到問題的全貌，但是他顯然了解貝爾公司需要大量充足而穩定的資金，然而當時既有的資本市場卻無法提供這樣的資金。其他的公用事業，尤其是電力公司，都試圖吸引一九二〇年代股票市場上僅有的大眾投資人（股市投機客），來投資他們的股票。他們成立控股公司，提高母公司普通股對投機客的吸引力，但企業營運需要的資金主要仍透過傳統借貸方式（例如向保險公司貸款）來滿足。維爾深知這樣的資本基礎十分脆弱。

維爾在一九二〇年代為了籌措資金而設計的AT&T普通股，和之前的投機性股票除了有相同的法律形式之外，可說性質完全不同。AT&T股票是一般社會大眾（美國逐漸崛起的中產階級，所謂「莎莉姑媽」型的投資人）可以投資的證券。這群「莎莉姑媽」手邊有一點閒錢可以投資，但這點小錢又不足以讓他們承擔太大風險。維爾推出的AT&T普通股由於保證股息，能滿足孤兒寡婦對固定利息收益的需求。同時，由於它屬於普通股，因此還有增值潛力和免受通膨威脅的好處。

維爾最初設計這種金融投資工具時，「莎莉姑媽」型投資人還不存在，手中握有資金、有能力購買普通股的中產階級才剛誕生。他們仍保持傳統的理財習慣——把積蓄存在銀行裡或買保險。比較敢冒險的人就投資一九二〇年代的投機性

股票市場。「莎莉姑媽」這個族群當然不是維爾創造出來的，但是他把他們變成投資人，讓他們願意動用積蓄為自己賺錢，也為貝爾公司創造利益。貝爾公司因此募集到未來五十年發展所需的數千億美元資金，而且此後半世紀，AT&T普通股一直是美加中產階級投資的重要標的。

維爾還為他的計畫自行設計一套執行辦法。他沒有仰賴華爾街的協助，而是自行扮演銀行和證券商的角色。為維爾設計這套金融工具的得力助手吉福德（Walter Gifford）後來成為貝爾公司的執行長和維爾的接班人。

當然，維爾的決策是特別針對貝爾公司所遭遇的問題而制定，背後的基本思考卻點出真正有效的決策所具有的特質。

史隆的分權化管理

史隆的例子就清楚說明了這點。通用汽車公司的史隆設計和打造了全球最大的製造企業，他在一九二二年接掌這家大企業，當時維爾的職業生涯正接近尾聲。史隆和維爾是截然不同的兩個人，他們所處的時代也有很大差異，然而史隆最為人稱道的決策——

通用汽車的分權式組織架構，卻和維爾之前為貝爾電話公司所做的重大決策有異曲同工之妙。

史隆在他的著作《我在通用汽車公司的日子》（*My Years with General Motors*）中指出，他在一九二〇年接掌通用汽車時，整個公司是個鬆散的聯盟，單位主管各據山頭，各自為政，他們在幾年前併入通用之前都還擁有自己的公司，而他們也把自己負責的單位當做自家公司來經營。

傳統上，有兩種方法可以處理這類狀況。第一種方法是從強人手裡把公司買來以後，不再和他們有任何瓜葛，洛克斐勒（John D. Rockefeller）在標準石油信託公司（Standard Oil Trust），以及摩根（J. P. Morgan）在美國鋼鐵公司（U.S. Steel）都採取這種做法。另外一種方法是讓原本的公司所有人繼續掌控大權，總公司盡可能不要多加干預，希望透過股票選擇權的誘因，讓各方山頭為了自己的財務利益著想，採取任何行動時都會著眼於公司最大的整體利益。通用汽車創辦人杜蘭特（William Durant）和史隆的前任執行長杜邦（Pierre du Pont）都採取這種做法。然而當史隆接任時，這些自我意識高漲的強人拒絕相互合作，已經對通用汽車造成極大的傷害。

史隆知道，這不僅僅是通用汽車在併購後暫時遭遇的特殊問題，而是大企業都普遍會碰到的問題。史隆發現，大企業一方面需要有一致的方向和中央控管機制，以及掌握實權的高階經營團隊；但另一方面大企業也需要在營運中展現活力、熱情和堅強的實力。實際負責營運的經理人必須擁有充分的自由，能依照自己的方式來做事，同時也必須擁有相對的權責。他們必須有機會充分發揮自己的長才，而且績效受到肯定。史隆顯然立刻意識到，公司的歷史愈悠久，這件事就愈重要，因為公司生存發展必須仰賴內部培育的優秀管理人才。

史隆之前的歷任領導人都認為問題出在人的身上，必須透過權力鬥爭，最後出現一個贏家，才能解決問題。史隆則視之為組織基本結構的問題，因此要透過建立新結構來化解，即實施分權化，因此可以在地方營運自主和中央控管政策方向之間取得平衡。

要知道這個解決辦法是否有效，透過對比就可以看得很清楚：也就是看看通用汽車表現不佳的領域。至少從一九三〇年代中期開始，通用汽車在推測美國人民的政治傾向和了解美國政府的政策方向上，都頻頻出錯，然而通用汽車在這個領域恰好沒有實施分權制。從一九三五年以來，通用汽車的每一位高階主管幾乎都非保守的共和黨員莫屬。

雖然維爾和史隆處理的問題南轅北轍，解決方案也各不相同，但他們的決策卻有一些共同點。這些決策都是從最高的概念性層次來看問題和解決問題，他們試圖先透徹思考這是什麼樣的決策，然後發展出解決問題的原則。換句話說，他們的決策是策略性的決策，而不只是針對當前需求而擬定的治標性方案。他們的決策都十分創新，也具有高度的爭議性。的確，上述五個決策都違反了當時「眾所周知」的事情。

事實上，維爾之前首度擔任貝爾電話公司總裁的時候，曾遭到董事會解聘。「眾所周知」，企業經營的唯一目的就是賺錢，所以在旁人眼中，維爾提出的概念——「貝爾公司以服務為宗旨」，簡直荒唐透頂。維爾認為公共管制符合貝爾公司的最大利益，是公司生存所不可或缺，但對於拚老命反對管制，深信管制乃是「社會主義借屍還魂」的人而言，維爾的想法即使不是違反道德，也過於草率。唯有多年之後，到了二十世紀初，當貝爾董事會警覺到將電話系統收歸國有的聲浪愈來愈大，才重新把維爾找回來。然而當現有製程和技術正為貝爾公司創造最大利潤時，維爾卻決定花錢在淘汰這些製程和技術的研究上，他還為了這個目的，打造一個大型研究實驗室，並且拒絕追隨金融潮流，建立投機性資本結構，董事會認為他的行徑太過荒誕不經，十分不以為然。

同樣的，史隆的分權化管理也違反了當時「眾所周知」的做法，令大家完全無法接受。

當時美國企業領導人中還有一位公認的激進派——福特（Henry Ford），但即使在福特眼中，維爾和史隆的決策都太過「瘋狂」了。福特很有把握T型車一旦設計完成，將永不退流行，所以在他看來，維爾堅持有計畫地自我淘汰，簡直是不可思議。同樣的，福特認為唯有嚴密的中央集權控制才能提升效率，產出成果，因此史隆的分權化管理在他眼中，也不啻自我毀滅。

決策流程五要素

維爾和史隆所做的決策真正重要的特點既不在於決策的新奇性，也不在其爭議性，而是：

一、充分明白這是一般性、常態性的問題，必須透過建立規則或原則來解決問題。

二、能清楚定義問題的解決方案必須滿足哪些基本要求，也就是「邊界條件」。

三、能透徹思考什麼是能充分滿足邊界條件、解決問題的正確決策，之後才考慮為了讓決策能為他人所接受，需要有哪些妥協、調整和讓步。

四、在決策時就將執行方式納入考量。

五、在執行過程中，建立「回饋」（feedback，也譯作「反饋」）系統來檢驗決策的成效。

這是常態，還是特例？

以下是有效決策流程的幾個要素：

高效能管理者的第一個問題是：「這是常態，還是特例？」「這是不是許多事情背後潛藏的問題？抑或不過是特殊事件，也應該當成單一事件處理？」通常，只需要透過建立通則來因應普遍的狀況，至於偶爾發生的例外狀況，就只能在問題發生時加以處理了。

嚴格來說，問題發生的型態或許可以區分為四種，而不只是兩種。

第一種是普遍性的問題，個案只不過反映症狀而已。

管理者在日常工作中出現的大多數問題都屬於此類。例如企業的庫存決策其實並非「決策」，只是一種調整作業。這是常態性的問題，生產過程中碰到的問題尤其屬於此類。

生產控制和工程部門每個月都會處理幾百個問題。不過若仔細分析這些問題，其中絕大部分都只是症狀而已——只不過顯現出潛藏的根本狀況罷了。但在工廠某部分工作的製程管制工程師或生產工程師通常都看不清這點。他可能每個月會碰到幾次蒸氣或高溫液體輸送管接頭壞掉的問題，但是唯有把整個部門幾個月來碰到的問題加以分析時，共通性才會顯現，這時候，工程師才會發現由於輸送管內的溫度太高或氣壓太大，必須重新設計負責聯結不同管線的接頭，才有辦法承載這麼大量的負荷。而之前流程管制工程師白白花了很多時間修理接頭，卻仍然無法解決漏氣的問題。

有的問題雖然是在特殊狀況下發生的特殊事件，但其實也屬於普遍性的共通問題。

一家公司如果接受了大公司的條件，同意合併的話，那麼就不會再有另外一家公司提出購併提議。對這家公司、公司董事會和經營團隊而言，這是不會一而再、再而三出現的情況，但同時這也是隨時都可能發生的普遍性狀況，因此在考量究竟該接受還是拒絕時，必須建立某些通則、作為參考。針對這類情況，最好借鏡其他人的經驗。

接下來才是真正例外的特殊事件。

一九六五年十一月，北美發生了大停電，從聖勞倫斯到華盛頓的東北地區陷入一片黑暗，根據初步的解釋，這次意外事件完全是特殊的偶發事件。同樣的，一九六〇年代初期，造成許多畸形兒的沙利竇邁事件也是偶發的特殊事件。據說這些特殊事件發生的機率只有千萬分之一或一億分之一。這種一連串的機能失常事件不太可能再度發生，就好像我坐的這張椅子不太可能突然重新分解成原子一樣。

然而真正獨一無二的事件其實寥寥無幾。每當發生這類罕見事件時，我們就應該問：這真的是例外嗎？或只不過是新發生的一連串類似問題的第一個徵兆？而決策流程要處理的第四類問題，就是一連串類似問題的初步徵兆。

比方說，今天我們都知道，美國東北部大停電和沙利竇邁悲劇都只不過反映了現代電力技術或現代製藥流程問題的第一個徵候而已，除非找到普遍性的解決方案，否則這類機能失常的狀況仍會一再發生。

除了第三類的特殊事件外，所有的問題都需要普遍性的解決方案，建立起通則、政策或原則。雖然普遍性問題往往以不同面貌呈現，但一旦發展出正確的原則，就可以實事求是地解決問題，也就是根據案例的實際情況，調整規則的應用方式。不過真正的特殊事件就必須個別處理，我們無法為例外狀況訂出規則。

高效能的決策者會花時間認清他面對的是哪一種情況。他知道如果他把問題錯誤歸類，就有可能做錯決定。

到目前為止，最常見的錯誤是把普遍性狀況看成一系列特殊事件；也就是說，在缺乏廣泛的理解，也沒有訂定處理原則的情況下，就因應實際狀況個別處理，結果不可避免會遭遇挫折，徒勞無功。

我認為無論是在內政或外交上，甘迺迪政府大部分的政策都失敗了，這正充分證明了上述的情況。儘管甘迺迪的閣員都才華洋溢，但基本上他們唯一的成就是成功因應古巴飛彈危機，否則甘迺迪政府可說一事無成，主要原因當然就在於他們強調的「務實主義」，也就是拒絕發展出通則，堅持根據實際情況來決定如何處理個別問題。然而每個人都很清楚（包括當時的政府官員在內），甘迺迪政府在制定政策時所秉持的（對戰後時局的）基本假設，無論在處理國際或國內事務上，都愈來愈不切實際。

另一種常見的錯誤是把新問題當做老問題復發，並因此沿用舊規則來處理新問題。

北美東北部大停電正是源自於這類錯誤。最初只是紐約—安大略邊界的局部停電，經過滾雪球效應後，卻引發北美大停電。當時電力工程師（尤其是紐約市的工程師）採用了正確的規定來處理正常的電力超載情況，然而他們的儀器其實早已顯示電力系統出現了一些不尋常的狀況，需要謀求特殊對策，而不是依照標準程序處理。

相反的，甘迺迪總統能成功處理古巴飛彈危機，正是因為他能接受挑戰，對這個非比尋常的特殊事件有一番透徹的思考。一旦甘迺迪面對挑戰，他身邊眾多兼具才智和膽識的智囊團就能有效發揮各自的長才，採取非常手段。

同樣常見的錯誤是對根本問題做了看似有理、實則錯誤的定義。以下就是個好例子：

第二次世界大戰結束之後，美國軍方不斷流失許多訓練有素的醫療人員。他們做了許多研究，提議了數十種補救措施，不過所有的研究都基於一個看似有理的假設——認為問題出在薪資過低。但真正的問題其實在於軍方醫療系統的傳統結構。軍方重視全科醫生，但這種做法完全不符合醫療業愈來愈強調專科醫師的趨勢。因此如果依循軍方醫療系統的生涯發展軌道，軍醫會慢慢升上去擔任醫療機構和醫院的行政主管，不再做研究或看診。然而訓練有素的年輕醫生覺得待在軍方醫療系統完全在浪費自己的時間和才能，因為他們要不就得像全科醫生那樣什麼科都看診，要不就得變成坐辦公室的行政人員。但他們希望提升自己的醫術，有機會運用今天高度科學化、專業化的診療技術。

美國軍方一直沒有面對這個根本決策：他們究竟是甘於接受只有二流水準的軍醫院，裡面的醫療人員達不到民間醫院高度科學化的專業醫療水準？還是他們願意打破軍方傳統的組織結構，在醫療體系中採取截然不同的做法？在軍方做決定之前，軍中的年輕醫生仍會不斷求去。

有時候則是沒有看到問題的全貌。

一九六八年，美國汽車工業突然因為生產的汽車不安全而飽受抨擊，汽車公司感到大惑不解。事實上，美國汽車工業並非不注重安全。完全相反，美國汽車業一向都不遺餘力地研發更安全的道路工程技術，並投資於駕駛訓練上。他們認為車禍往往肇因於不安全的道路和不安全的駕駛，這個推論聽來似乎很有道理，的確，其他關心汽車安全的機構，從公路巡邏隊到學校，也都以此為宣傳重點。這些宣傳產生了一些成果，建造了更安全的公路，並教育汽車駕駛更注重安全後，車禍確實減少許多。然而，雖然每千輛汽車或每行駛一千哩平均發生的車禍數字日漸下降，但車禍總數和嚴重性仍然悄悄上升。

其實汽車業應該早就知道，有一小部分駕駛根本不會去接受安全駕駛的訓練，而且即使這些人在安全道路上開車，也可能出車禍（例如酒醉駕駛佔「容易肇事」駕駛的比例雖只五％，他們所導致的車禍卻佔所有車禍的四分之三左右）。汽車業應該也早就知道，即使制訂了法令保障道路安全和推動安全駕駛的訓練，還是得針對少數重大意外擬定對策。換句話說，即使有了安全的道路，也大力宣導安全駕駛，仍需研發新的工程技術，因此即使發生車禍，傷亡程度仍然減輕許多。汽車業過去研發的工程技術能在駕駛正確操作汽車的情況下保障行路安全，但他們還應該研發出新技術，讓駕駛即使操作不當，仍然能保障乘客的安全。汽車業卻沒能看清這點。

這個例子顯示，不周全的推論往往比完全錯誤的推論更加危險。大力宣導安全駕駛的所有機構，包括汽車業、公路局、汽車俱樂部和保險公司，都認為接受車禍發生的機率等於是在寬恕（即使不是鼓勵）危險駕駛，就好像我們祖母那一輩總認為醫生治療性病就等於在教唆不道德的行為一樣。

因此高效能管理者總是從一開始就先把問題當成一般性、普遍性的問題。他總是假定，迫切需要他注意的事件其實只是問題的表面症候，他不會僅以治療症狀為滿足，而會進一步探究真正的問題究竟出在哪裡。

如果這個事件真的非常獨特，那麼老練的決策者仍會懷疑這件事是否預示了潛在的新問題，看似特例的情況不過是普遍性問題的第一個徵兆而已。

這也說明了高效能管理者為何總是試圖將解決方案盡可能提到最高的概念層次。他不會只為了解決眼前的財務問題，就任意發行能在未來幾年輕易以高價賣出的證券。如果他預知在不久的將來，將需要資本市場的資金挹注，他會設法吸引新型態的投資人，為大眾資本市場設計目前還不存在的適當證券產品。如果他必須引進一群不易駕馭、精明幹練的事業部總裁，他不會先剷除其中最難駕馭的強人，並收買其他人，而會發展出適合大型組織的根本概念和架構。如果他認為必須在業界維持獨占地位，他不會只是拚命駁斥社會主義的論調，而會設想，是否只能陷於兩難之中，選擇究竟要變成一家缺乏競爭對手制衡的私人企業，還是變成同樣不負責任的公營壟斷事業？他會在深思熟慮後，找出「第三條路」，設法建立健全的公共管制制度。

社會和政治生活中會出現一種很明顯的情況，就是暫時性的措施往往非常長壽。比方說，第一次世界大戰期間匆匆推出的三項措施：英國酒館賣酒時間的限制、法國房屋租金管制，以及美國的「臨時」政府辦公大樓，原本只打算維持「幾個月，以因應暫時的緊急狀況」，結果五十年後卻依然存在。高效能決策者很清楚這種狀況。當然他也會為了應急而採取權宜之計，但是他每一次都會自問：「如果我必須長時間忍受這個措施，我是否還願意這樣做？」如果答案為「否」，那麼他會繼續努力找出更普遍性、更概念化、更完整的解決方案——能建立正確通則的方案。

結果，高效能管理者通常都不會做很多決策，但原因不在於他制定每一個決策時，都花了太多時間——事實上，原則性的基本決策絕不會比頭痛醫頭、腳痛醫腳花更多時間。高效能管理者不需要做很多決策，是因為他會藉由通則和政策，來解決普遍性的問題，因此他只需個別微調，就可以依照通則來處理大多數的情況。法律界有句老話：「一個國家如果制定太多法律，這裡的律師也好不到那裡去。」換句話說，這個國家試圖把每個問題都看成獨特的狀況，而不是法令通則下的個別案例。同樣的道理，成天忙著做決策的管理者一定是怠惰無能的管理者。

此外，決策者也會不斷測試是否有跡象顯示不尋常的事情正在發生，他總是問：「這個解釋能否充分說明我們觀察到的所有情況？」他總是寫下解決方案希望達到的成效（例如不再發生車禍），然後定期檢驗是否真的達到成效。最後，每當他看到不尋常的情況，發現他的推論無法充分解釋所有的現象，或當事情的發展偏離他的預期，即使只是在枝微末節上有所差異，他都會回過頭去，把問題重新思考一遍。

基本上，兩千年前希臘醫學家希波克拉提斯寫下的醫療診斷原則就是如此；最初由亞里斯多德訂定，後來由伽利略再度重申的科學觀察原則也是如此。換句話說，這是歷經時間考驗、眾所周知的準則，是可以學習、而且應該系統化應用的準則。

決策需要達到什麼目標？

決策流程的第二個要素，是明確規範決策需要達到的成果為何。

決策需要達成什麼目標？決策至少需要解決問題的哪些部分？滿足哪些條件？科學界稱之為「邊界條件」。有效的決策必須能滿足邊界條件和達成預定目標。

邊界條件愈清晰明確，就愈可能做出有效的決策，達成預定目標。反之，如果無法清楚界定邊界條件，無論多麼聰明的決策，幾乎一定達不到成效。

「要解決這個問題，至少需要做到哪些事情？」邊界條件通常都透過這樣的方式來探究。據說史隆在一九二二年接掌通用汽車總裁時，曾經自問：「取消事業部主管的自主經營權，能夠滿足我們的需求嗎？」答案顯然是否定的，當時要解決通用汽車的問題，邊界條件是重要營運主管必須是有擔當的強人，這點和中央的統合能力及掌控能力同樣重要。邊界條件要求的是針對結構性問題，找出解決方案，而不是調和個性差異，而結構性的解決方案反而更能夠持久。

要找到適當的邊界條件並不容易，而且大家不一定能獲得共識。

在北美大停電後隔天早上，《紐約時報》仍然設法出刊，因為他們在停電後，立刻把印刷作業轉移到赫德遜河對岸的紐華克市，那裡的電力系統正常運作，而且當地的《紐華克晚報》擁有一家印刷廠。但是儘管《紐約時報》下單印製百萬份報紙，實際上抵達讀者手中的報紙份數卻不到一半。新聞圈廣泛流傳，《紐約時報》即將付印時，時報主編和他的三名助理開始爭辯某個英文字中間是否應該加一橫，（據說）他們花了四十八分鐘來討論這件事，耗掉了一半的印刷時間。主編辯稱，《紐約時報》代表了美國的英文書寫標準，因此絕對不能有任何文法上的錯誤。

如果這個故事是真的話（這點我可無法擔保），那麼我們不禁懷疑《紐約時報》的經營團隊對這個決定作何感想。但無庸置疑，就主編的目標而論，他做的決定是對的。他的邊界條件顯然並非當天早上銷售的報紙份數，而是《紐約時報》在文法上正確無誤，是美國新聞界的標竿。

高效能的管理者深知，無法滿足邊界條件的決策不但沒有成效，而且是不適當的決策，甚至比滿足錯誤邊界條件的決策還要糟糕。當然兩種情況都不對，但為了錯誤的邊界條件所做的適當決策，還有挽救的餘地，因為這仍然是有效的決策，但無法滿足邊界條件的決策卻只會帶來麻煩，而不會產生任何成果。

事實上，我們必須對於邊界條件有清楚的思考，才知道什麼時候必須放棄某個決策。以下是兩個著名的例子，第一個決策的邊界條件變得模糊不清，第二個決策的邊界條件始終很明確，所以舊政策變得不合時宜後，能立刻以更適當的新決策來取代。

第一個例子，是第一次世界大戰爆發時德國參謀本部著名的施理芬計畫（Schlieffen Plan）。這個計畫的用意，是要讓德軍能夠在東西兩面同時作戰，卻又不需要兵分二路。為了達到這個目標，施理芬計畫提議在迎戰實力較弱的敵軍（即俄國）時，只部署微弱的兵力，將大軍集結在法國邊境，希望在快速擊潰法軍後再來對付俄軍。當然，實施這個戰略就表示一次大戰爆發後，德軍不惜讓俄軍深入德國境內，等到德軍在法國取得決定性的勝利之後才反攻。但在一九一四年八月，顯然俄軍移動的速度超乎德軍的估計。俄軍很快攻克東普魯士的貴族領地，建立起防線。

德國參謀總長施理芬一直把明確的邊界條件謹記在心，但他的繼任者只擅長作戰，不是優秀的決策者和戰略家。他們拋棄了施理芬計畫的基本原則——不要分散德軍的兵力。照理他們原本應該乾脆放棄施理芬計畫，但他們選擇保留了這個計畫，卻又讓計畫無法落實。結果，德軍大幅削弱西線的兵力，以至於無法保住最初對法軍的戰果，然後又沒能在東線補足充分的兵力，一舉擊潰俄軍，終於造成當初施理芬計畫拚命想避免的結果——形成僵持不下的困境，持續進行消耗戰，最後贏得勝利的將是兵力最佔優勢的一方，而不是戰略較出色的一方。

從那時開始，德軍根本毫無戰略可言，只是見招拆招、虛張聲勢，期望奇蹟出現罷了。

第二個例子則恰好相反：是羅斯福在一九三三年就任美國總統後採取的行動。

羅斯福在選戰期間，一直在構思美國的經濟復甦計畫。在一九三三年，這樣的計畫必須建立在保守的財政政策和平衡的預算上。然而就在羅斯福就職前夕，美國經濟崩潰了。雖然羅斯福的經濟政策未必行不通，然而就政治上而言，這顯然已經是死路一條。

羅斯福立刻以政治的施政目標取代原本的經濟目標，把重心從經濟復甦轉移到政治改革上。新政策要求政治動能，表示經濟政策必須從保守主義改為大幅創新。邊界條件改變了，羅斯福是很好的決策者，所以幾乎本能地察覺這表示如果他想要展現效能，就必須完全放棄原本的計畫。

要找出在所有可能的決策中，哪個方案風險最高（換句話說，哪個方案唯有在萬事具備，沒有任何事情出錯時，才行得通），也需要透徹思考邊界條件。這類決策乍看之下，總是顯得很有道理，但是當你仔細思考需要滿足的條件時，就會發現這些條件彼此之間互不相容。這樣的決策並非一定不可能成功——只是不太可能成功罷了，畢竟問題不在於奇蹟很少出現，而在於把希望寄託在奇蹟上，實在太不可靠了。

美國總統甘迺迪一九六一年針對豬玀灣事件所做的決策，就是最好的例子。

這個決策的其中一個邊界條件顯然是推翻古巴的卡斯楚政權。但同時，另外一個邊界條件是：不能讓整個事件看起來像是美國出兵干預中南美國家的內政。第二個邊界條件非常荒謬，因為全世界大概沒有任何人會相信，美國出兵乃是呼應古巴民眾自動起義，但這不是重點。當時對美國決策者而言，至少在外表看來不像在干預他國內政，是決策的正當且必要的條件。但唯有當古巴發生全國性的反卡斯楚暴動，完全癱瘓了古巴軍隊，上述兩個條件才有可能彼此相容。而在古巴這樣的警察國家，要發生上述狀況儘管不是完全不可能，成功機率顯然不高。美國要不就放棄這個想法，要不然就要全力支持這項計畫，確保入侵古巴的行動一定成功。

我無意對甘迺迪總統不敬，不過他犯的錯誤並非像他所說的，他當時「聽信專家的意見」，而是他沒有透徹思考決策需要滿足的邊界條件，而且拒絕面對難堪的現實：一個決策如果必須滿足兩個截然不同、而且根本上互相衝突的邊界條件，那麼這根本不能算是決策，而只是在企求奇蹟出現罷了。

不過，面對任何重大決策時，千萬不能根據「事實」來設定邊界條件，而必須靠對情勢的判斷，而這樣的判斷自然有其風險存在。

任何人都可能做錯決定，事實上，每個人都曾經做過錯誤的決定，但是沒有人需要做（在表面上）不能滿足邊界條件的決定。

做正確的決策，而非可接受的決策

第三，管理者必須著眼於正確的決策，而不僅僅是可以接受的決策，因為最後勢必需要妥協。但如果他不曉得哪些決策符合決策規範和邊界條件，他就無法分辨什麼是對的妥協，什麼又是錯誤的妥協，結果因此做了錯誤的妥協。

我是在一九四四年接到第一個重要的企業輔導案例時（研究通用汽車公司的管理結構和管理政策），學到這個教訓。史隆當時是通用汽車的董事長兼執行長，我剛開始研究通用汽車公司的時候，他請我到辦公室，對我說：「我不會告訴你應該研究什麼，或應該寫什麼和下什麼結論。這些都是你的工作。我唯一的要求是，你必須寫下你認為對的事情，不要擔心我們的反應，不要擔心我們會喜歡這個，或看到那個會不會不高興。尤其重要的是，千萬不要因為希望你的建議能被採納，而作出必要的妥協。即使沒有你的幫助，敝公司每一位主管也都深諳妥協之道，然而除非你先告訴他怎麼做才對，他不知道如何做出『正確』的妥協。」正在思考決策的管理者都應該奉這段話為圭臬。

甘迺迪總統則從豬玀灣事件的失敗中得到教訓，因此才能在兩年後的古巴飛彈危機中贏得勝利。當時他堅持透徹思考決策需要滿足的邊界條件，因此才能充分掌握正確的妥協方案（也就是說，先以空中偵察方式證明沒有必要再進行地面偵查後，才放棄地面偵查），以及認清應該堅持什麼（蘇聯必須撤除在古巴部署的飛彈，並將飛彈運回蘇聯）。❶

妥協有兩種，俗話說：「有半條麵包，總勝過什麼都沒得吃。」這代表了其中一種妥協。「所羅門王的審判」的故事則代表了另外一種妥協，故事的意義顯然在於領悟到：「得到半個嬰兒，比完全得不到嬰兒還糟糕。」第一個例子還算是滿足了邊界條件，麵包的功能是提供食物，而半條麵包仍然是食物。然而半個嬰兒卻無法滿足邊界條件，因為半個嬰兒不代表半條會成長茁壯的生命，而只是半具屍體罷了。

如果一味擔心別人會不會接受，考慮應該說什麼才不至於引起反感，結果會徒勞無功，只是在浪費時間而已，結果往往你擔心的事情根本沒有發生，你完全沒有料到的困

❶一九六一年，美國中央情報局在背後支持流亡國外的古巴反政府人士，在豬玀灣登陸突襲古巴，企圖推翻卡斯楚政權。三天後入侵行動失敗，令甘迺迪政府陷入政治窘境。一九六二年十月，美國透過空中偵查，發現蘇聯在古巴部署飛彈，射程涵蓋美國重要城市。美國總統甘迺迪宣布將對古巴進行封鎖，要求蘇聯撤除飛彈。在這次危機中，美蘇對峙幾乎引爆核戰，但最後終於透過外交手段斡旋化解。

難和阻力，卻在一夕間變成難以跨越的阻礙。換句話說，一開始就問：「怎麼樣才能被別人接受？」其實毫無意義，在回答這個問題的過程中，你往往放棄了其他重要的事情，喪失了找出最有效決策的機會，更遑論找到最適當的解決方案了。

化決策為行動

決策的第四個關鍵要素是要化決策為行動，透徹思考邊界條件是做決策時最困難的步驟，化決策為有效行動，則通常需要花最多時間。不過除非管理者從一開始就在決策中納入行動的承諾，否則就不是有效的決策。

事實上，除非已經指派某人依照特定步驟執行決策，否則根本不算已經完成決策，只是有良好的意圖罷了。

沒有包含行動的承諾，正是許多政策宣言的問題所在，這種情形在工商界尤其嚴重，結果沒有人真正負責執行政策，難怪許多組織內部成員對這類宣言都抱著懷疑的態度，認為不過是說說罷了。

要化決策為行動，必須先回答幾個問題：哪些人應該知道這項決策？必須採取哪些行動？應該由誰負責執行？應該如何進行，負責執行決策的人才能有效落實決策？一般人經常忽略了第一和第四個問題，以至於結果悲慘。

作業研究界有個傳奇故事正好說明了「哪些人應該知道這項決策？」這個問題的重要性。有一家重要的工業設備製造商幾年前決定停產某個型號的產品。多年來，這個產品一直是工具機生產線的標準設備，許多工廠迄今仍在使用這個設備，因此這家公司決定接下來三年仍繼續將產品賣給老客戶，讓他們可以汰換老舊設備，三年後才正式停產。這個產品的訂單已經連續多年下滑，但是當傳出停產消息後，老客戶紛紛趕在停產前，重新訂購機器。不過，制定這項決策時，沒有人問：「哪些人應該知道這項決策？」因此，也沒有人通知負責採購產品零件的職員。原本公司給他的指示是，他必須根據目前的銷售量，採購一定比例的零件，沒有人更改這個指示。所以當停產日到來時，公司發現倉庫裡堆積的零件足以供應未來八到十年使用，這筆庫存造成了巨大的虧損。

負責執行決策的人必須足以勝任需要採取的行動。

有一家化學公司近年來發現，他們在兩個西非國家中有為數可觀的凍結貨幣（blocked currency，指外匯管制國家規定不能自由匯出的貨幣數額）。他們決定，為了保護這筆錢，必須設法在當地投資，而且投資的生意必須對當地經濟發展有所貢獻，不需要從國外進口任何東西，而且如果生意很成功的話，一旦解除匯款管制，就可以把生意脫手，賣給當地投資人，並將資金匯出。為了開創這樣的事業，這家化學公司開發了一種能保存熱帶水果的簡單化學製程，熱帶水果是這兩個國家的主要作物，但以往外銷到西方市場時，往往在運送過程中就已嚴重腐爛。

他們的新事業在兩個非洲國家都很成功，但在第一個國家，當地經理人設定的經營方式需要訓練有素、具備高度技能的管理團隊，但在西非很不容易找到這樣的人才；而在另外一個國家，當地經理人考量實際經營新事業的本地人才的能力，努力簡化新製程和經營方式，並且公司從上到下各個職位，都招募當地人才來擔任。

幾年後，兩國解除匯款管制，企業又可以匯出款項，但雖然他們在兩個國家的生意都蒸蒸日上，在第一個國家卻找不到買主。由於當地沒有人具備經營這家公司所需的技術和經營管理技巧，最後只有把公司清算了事。然而在第二個國家裡，卻有很多企業家迫不及待想收購這家公司，所以他們最初的投資最後獲得豐厚的利潤。

其實這家化學公司在兩個國家中採用的是同一種製程，做的是同一種生意。但在第一個國家中，沒有人問：「我們可以找到什麼樣的人來有效執行決策？他們可以怎麼做？」結果，決策沒有達到應有的成效。

如果為了有效落實決策，必須改變人們的行為、習慣或態度的話，上述幾點就更加重要了，必須明確指派負責執行決策的人選，確定他們有能力採取必要的行動，並且同時改變他們的績效衡量標準和獎勵方式。否則，他們很容易陷入嚴重的內部情緒衝突中。

維爾儘管明訂貝爾電話公司乃是以服務為宗旨，但如果他沒有建立服務績效的衡量標準，並將之納入管理階層的績效評估機制中，這項政策很可能形同虛設。貝爾公司的經理人過去的績效衡量標準一向都是單位的獲利表現，或至少也是成本控制。新標準迫使他們很快接受公司的新目標。

和貝爾公司成鮮明對比的是，最近有一家成績輝煌的美國大企業董事長兼執行長想要在這家老公司裡，推動新的組織結構和目標，結果卻失敗了。公司裡每個人都認為這樣的改變勢在必行。這家公司在穩居產業龍頭多年後，明顯出現老化跡象，幾乎在所有的重要市場上，規模較小但攻勢凌厲的競爭者都逐漸迎頭趕上。然而這位董事長為了讓員工接受他的想法，居然把公司裡三位守舊派的代表人物，擢升到薪水最高、最引人矚目的位子上，讓他們擔任公司執行副總裁。結果他對公司員工只傳達了一個訊息：「原來他們說的不是真心話。」

如果員工的行為儘管違反了新行動的要求，卻仍然得到最高獎賞，那麼每個人都會認為，高層真正想看到、而且獎勵的行為，和新目標背道而馳。

並非每個人都會像維爾那樣，在決策時就已考量到執行方案。但是每個人都可以思考要落實決策，需要採取什麼樣的行動，因此應該指派員工哪些任務，現有的人力中有哪些人適合執行任務。

建立回饋機制

最後，決策必須包含回饋機制，才能根據實際成果持續檢驗決策是否達到原本的預期。

所有的決策都是人做的，而人原本就很不可靠，容易犯錯，即使最好的表現都很難持久。即使最好的決策都有可能是錯誤的決策，即使最有效的決策都有可能禁不起時間的考驗。

維爾和史隆的決策就是最好的例證。雖然他們都富有想像力和膽識，但維爾的諸多決策中，只有一個決策——貝爾電話公司乃是以服務為宗旨，迄今仍然存在，而且還在應用他當初設計的機制。

早在一九五〇年代，為了因應法人投資者（操作共同基金和養老信託基金的投資機構）興起，成為中產階級投資理財的新管道，AT&T普通股的投資性質早已大幅改變。雖然貝爾實驗室仍然維持主導地位，但新科技的發展——尤其太空科技和雷射技術的發展——已經清楚顯示，沒有任何通訊公司能奢望靠一己之力而提供所需的一切科技，不管這家公司規模再大都一樣。同時，由於新科技的發展，新的電訊技術七十五年來首度能和電話競爭，而且在主要通訊領域（比方說，資訊和數據通訊）中，沒有任何通訊媒介能維持壓倒性優勢，貝爾公司想要保住在長途電話領域的壟斷地位，也益發困難。雖然對民營電訊公司的生存而言，公共管制仍然是必要措施，但維爾早年苦心推動的管制措施——由各州分別管理的方式，在面對全國性和國際性的系統時，卻顯得不合時宜。儘管由聯邦政府統籌通訊管制乃勢在必行，這個措施卻不是由貝爾公司促成的，反而遭到貝爾公司抗拒，儘管維爾很小心地避免捲入爭議。

至於通用汽車公司，雖然通用汽車到一九六〇年代仍然繼續實施史隆的分權管理，顯然很快就需要重新思考。不只是最初史隆設計的基本原則經過一再修改，幾乎已變得面目全非。比方說，原本獨立經營的汽車事業部愈來愈無法完全掌控製造和生產線作業，因此也無法為成果負完全的責任。從雪佛蘭到凱迪拉克的各種汽車品牌也無法如同史隆當年的設計般，代表不同的價位和等級。更重要的是，最初史隆設計的是一家「美國公司」，雖然後來通用汽車很快收購了外國子公司，但在組織和管理結構上仍是一家美國公司。但一九六〇年代的通用汽車顯然已經變成一家國際公司，它最大的成長和重要的機會愈來愈來自美國以外的區域，尤其是歐洲地區。通用汽車必須找到最適合跨國公司的經營原則和組織結構，才能繼續生存下去，並成長茁壯。史隆在一九二二年所做的努力必須在很短的時間內重新再現——可以預見，當汽車業碰到經濟不景氣時，這件事將變得非常急迫。如果不能重新大幅改造通用汽車的話，史隆的解決方案很可能將是勒住通用汽車脖子的重擔，成為通用汽車邁向成功的絆腳石。

當艾森豪將軍當選美國總統的時候，他的前任總統杜魯門說：「可憐的艾克，他還是將軍的時候，只要下令，就會有人執行命令。現在他得坐在大辦公室裡發號施令，但下達命令後，什麼事也不會發生。」

美國總統之所以無法令出必行，並不是因為將軍的權威勝過總統，而是軍事機構很久以前就了解，大多數的命令其實都無法有效執行，因此建立了檢核機制。報告其實沒有太大幫助。所有的軍事機構很久以前就了解，下達命令的軍官必須親自到現場確認命令切實執行，或至少派助手去確認，絕對不能依賴負責執行命令的部屬給他報告。這不表示他不信任部屬，而是他從經驗中學會不信任任何形式的溝通。

這是為什麼部隊指揮官必須到餐廳去，和部下吃同樣的伙食。當然，他大可只是看菜單點菜，要手下把這道菜或那道菜送進營房給他吃。但不行，他必須親自到餐廳去，從弟兄們取菜的容器裡，自己把菜舀進盤子裡。

隨著電腦應用愈來愈普遍，這點也愈來愈重要，因為有了電腦之後，決策者很可能更會被阻絕於行動現場之外。除非他自己覺得應該走出去，觀察現場實際工作狀況，否則他會愈來愈脫離現實。電腦只能處理抽象的概念，而唯有不斷拿實際情況來檢視抽象概念後，才能信賴抽象概念，否則抽象概念只會誤導我們。

要檢驗決策所根據的假設是否仍然站得住腳，還是已經過時、需要修正，親自到現場檢視也是最好的辦法。我們應該預期假設遲早都會過時，現況從來都無法維持太久。

許多人往往因為沒有走出去親自檢視實際狀況，而繼續堅持實施不適當、甚至不理性的行動方案，不只企業界決策時如此，政府制定政策時，也常犯這個錯誤。二次大戰後史達林的歐洲政策之所以失敗，或美國之所以遲遲無法調整政策，以因應戴高樂主導下的歐洲新情勢，或英國始終不接受歐洲共同市場的現實，主要原因都在此。

我們必須設計資訊的回饋機制。管理者需要報告，也需要看到數字，但回饋機制必須能反映實際狀況。除非管理者能有紀律地親自走出去察看實際狀況，否則就只是沒有根據的獨斷獨行，結果往往徒勞無功。

這些就是決策過程中包含的要素，至於決策本身呢？就待下一章分解了。

THE Effective Executive

做有效的決策

● 管理者之所以為管理者，正是因為組織期望管理者由於其特殊地位或知識，會制定對整個組織的績效和成果有重大影響的決策。

● 高效能管理者明白什麼時候應該根據原則來做決策，什麼時候應該務實地視狀況而定。他們知道最難處理的決策就是必須在對錯之間有所妥協的決策，也明白決策流程中最費時的步驟不是做決定，而是讓決策發揮應有的成效。

● 有效的決策流程包含五個要素：

一、高效能管理者在決策時首先會問：「這是常態，還是特例？」

二、必須明確規範決策需要達成什麼目標？至少需要解決問題的哪些部分，滿足哪些條件？

三、管理者必須著眼於正確的決策，而不僅僅是可以接受的決策，因為最後勢必需要妥協。

四、在決策時，就要將執行方式納入考量。

五、在執行過程中，必須建立「回饋」機制來檢驗決策的成效。

再論決策

管理者不能不知道的幾件事

決策是一種判斷，是各種替代方案之間的選擇。決策很少是「對」與「錯」之間的選擇，頂多是在「大致正確」和「可能錯誤」之間選擇——但很多時候，決策其實是在兩種方案之間做選擇，而且無法事先證明哪個方案更適當。

探討決策的書籍大都告訴讀者：「應該先搜尋資訊、找出事實。」但能制定有效決策的管理者都知道不應該從事實出發，而要以自己的看法為先。但看法只不過是未經檢驗的假設，而且除非經過事實檢驗，否則看法就一文不值。但要弄清楚什麼是事實，又必須以關聯性、適切性為標準來做決策，尤其必須根據適當的衡量標準來做決策。這就是有效決策的關鍵，而且也是有效決策最具爭議的層面。

最後，儘管許多有關決策的教科書都聲稱，有效決策乃來自於對事實的共識，其實並非如此。聆聽相互衝突的各種歧見和認真思考各種替代方案後所產生的理解，才是正確決策的基石。

希望一開始就能掌握事實，不啻癡人說夢，除非建立起適當決策的衡量標準，否則就無從判斷什麼是事實。事件本身不算是事實。

物理學不認為物質的味道是事實，在過去，物質的顏色也不算事實。然而在烹飪時，味道是非常重要的事實，而在繪畫中，顏色也非常重要。物理、烹飪和繪畫對於何者重要，有不同的標準，因此對於什麼是事實，也有不同的看法。

但高效能管理者也知道，人們不會從一開始就搜尋事實，而多半先有看法。這樣沒有什麼不對，一個人具備了某方面的經驗後，自然就會產生看法，如果一個人在接觸某個領域很長一段時間後，居然毫無見解，那麼，很可能他的觀察力不夠敏銳，或頭腦太過遲鈍。

每個人不可避免都會以自己的看法為出發點，要求他們先搜尋事實，是不受歡迎的提議，他們只會像其他人一樣，尋找符合自己心中定見的事實，而一個人一旦有了定見，就絕對找得到事實來印證他的看法。優秀的統計學家都明白這個道理，因此他們不信任任何數字，他要不就是認識找到這些數據的人，要不就是不認識這個人，但無論是哪一種情形，他都懷疑對方提出的統計數字。

唯一稱得上嚴謹的方法，唯一能讓我們檢驗個人看法或見解是否合乎現實的辦法，就是清楚認知到，每個人對事情往往都先有一套自己的看法，而且這也是理所當然的事情。無論在做決定或研究科學時，都唯有先從未經證實的假設出發。我們都知道在面對假設時該怎麼辦——你不會爭辯假設對不對，而會檢驗假設是否為真。弄清楚哪些假設能站得住腳，值得認真思考，哪些完全經不起實際經驗的考驗。

看法必須經得起檢驗

高效能管理者鼓勵不同的意見，但也堅持發表意見的人必須透徹思考他的看法經不經得起現實的檢驗。因此，高效能管理者會問：「為了檢驗假設是否為真，我們必須知道哪些事情？」「必須掌握哪些事實，這個看法才站得住腳？」他和周遭同事養成一個習慣——通盤思考並清楚說明需要觀察、研究和檢驗哪些事情。他堅持提出看法的人有責任表明他可以找到哪些事實來支持他的看法，以及應該從哪些事實來驗證他的看法。

或許最無情的問題是：「衡量的標準為何？」往往因為問了這個問題，才促使大家針對目前討論的問題訂出適當的衡量標準，並做成決策。如果你分析真正有效和正確的決策是怎麼達成的，你會發現決策過程中花了很大的心力在找出適當的衡量標準上。

當然，維爾得到的結論（貝爾公司乃是以服務為宗旨）之所以是有效的決策，原因也在於此。

高效能的決策者認為傳統的衡量方式並不適當，否則就不需要做決定，只需微調就可以了。傳統的衡量標準反映了昨日的決策，如今需要做新的決策，就表示舊的衡量標準已經不適用了。

從韓戰以來，大家都知道美國軍方的採購和庫存政策很糟糕。儘管針對這個問題做過無數的研究，但情況不僅沒有好轉，反而每況愈下。美國軍方衡量庫存的傳統標準，乃是以採購及庫存的總金額和品目總數為衡量標準，甘迺迪總統任命麥克納馬拉為國防部長後，麥克納馬拉挑戰傳統做法，挑出少數幾項軍需品，就數量而言，可能只佔品目總數的四%，但加總起來，佔了總採購金額的九成以上。同樣的，他又另外挑出少數幾項軍需品，也許又是佔了品目總數的四%左右，卻佔了戰備需求的九成。由於兩種軍需品有部分重疊，所以無論以金額或數量衡量，關鍵軍需品加總起來大約佔總數的五％或六％。麥克納馬拉堅持，軍方對於這些關鍵軍需品必須有獨立的管理，掌握所有細節。至於剩下九五％的品目，採購金額不是特別昂貴，也非基本戰備所需，只需要採取異常管理即可，換句話說，透過機率和平均值來管理。由於這個新的衡量標準，美國軍方從此在採購、庫存和運籌管理上，可以有效地做決策。

要找到適當衡量標準，最好的辦法就是尋找之前談過的「回饋」——只不過此處指的是「決策」前的回饋。

比方說，許多公司在處理大多數的人事問題時，都是以「平均值」來衡量事情的嚴重性，例如每一百名員工中發生的損失工時事故、所有員工的平均缺勤率、或每百名員工的病假率。但是會親自走出去實地觀察的管理者很快就會發現，他需要不同的衡量指標。採用平均值或許符合保險公司的目的，對人事管理決策而言卻毫無意義，甚至會誤導決策方向。

工廠裡絕大多數的意外事故都只發生於一、兩個地方，而通常也只有某個部門的缺勤率特高。我們現在也了解，即使員工因病請假，沒有來上班，也並非普遍發生的情況，通常只有一小群員工特別常請假，而且往往是未婚的年輕女性員工。根據平均值而採取的人事措施（例如典型的做法是對全工廠展開工安宣傳）往往無法達到預期效果，反而讓事情變得更糟糕。

同樣的，美國汽車工業也是因為缺乏實地觀察，所以遲遲不了解他們需要大幅加強汽車在安全方面的設計。汽車公司只看傳統的衡量指標——每位乘客平均每哩發生事故的比例或平均每輛車發生意外事故的比例。假如他們曾經走出去實地觀察，就會發現他們也許還應該衡量車禍造成人體傷害的嚴重程度，因此必須加強安全措施，減輕車禍的危害程度，換句話說，應該藉由改變汽車設計，來保障汽車乘客的安全。

因此，找到適當的衡量標準不是數學練習，而是有風險的判斷。

每當一個人需要做判斷時，他都必須掌握幾個可以選擇的替代方案。只能說「是」或「否」的判斷，根本不算判斷。唯有手中掌握幾個可以選擇的方案時，你才能洞悉其中牽涉的風險。

所以，高效能的管理者堅持找出不同的衡量標準，如此一來，他們才能從中選出最適當的標準。

有許多不同的標準可以用來衡量企業資本投資的企劃案。其中一個標準把重心放在最初投入的資金需要多少時間才能完全回收，另外一個標準把重心放在預期的獲利率，第三個標準是預期的投資報酬現值，以此類推。無論會計部門如何大力擔保只有一個標準是「科學」的衡量方式，高效能管理者不會滿足於這些傳統的衡量標準。他從經驗中學到，每一項分析都能展現同一項資本投資決策的不同層面。他必須檢視決策的不同層面後，才知道哪一種分析和衡量方式適合目前的資本決策。儘管會得罪會計師，高效能管理者仍然堅持將同一個資本決策用上述三種方法分別計算後，才說：「這個衡量方式比較適合這個決策。」

激發歧見，而非尋求共識

除非你考慮過各種替代方案，否則你的心靈就是封閉的。

所以高效能的決策者總是刻意激發歧見，而不是尋求共識。

管理者需要做的決策並不是在眾人鼓掌歡呼中產生的，而必須立足於相互衝突的看法、不同觀點的激盪，並在不同的判斷之間有所取捨。決策的第一條規則就是，除非聽到不同的意見，否則不要輕易決定。

據說史隆曾經在開會時表示：「各位，我想我們大家全部都同意這個決定。」每一位與會者都點頭同意。史隆接著說：「那麼，我建議延到下次會議再繼續討論這個問題，這樣一來，我們就有時間思考不同的意見，或許因此會對這個決策牽涉的層面有更多的了解。」

史隆絕對不是「直覺式」的決策者，他一向強調必須用事實來檢驗意見或看法，以及必須百分之百確定不是心存定見後，才尋找事實來支持自己看法。但他也知道，正確的決策都必須從不同意見中產生。

美國歷史上，每一位高效能的總統都自有一套激發不同意見的方法，因此才能制定有效的決策。無論是林肯、羅斯福、杜魯門，每一位總統都有不同的行事作風，但是他們都懂得激發必要的歧見，以便「對決策所牽涉的層面有更多了解」。大家都知道，華盛頓痛恨衝突和爭吵，希望內閣同心協力，然而碰到重要議題時，他仍然會詢問漢彌爾頓和傑佛遜的看法，以確保他會聽到不同的意見。

羅斯福總統可能是最懂得有計畫地運用歧見的美國總統。每次碰到重要議題時，他都會把一位助理拉到一旁，對他說：「我希望你替我研究這個問題——但一定要守口如瓶。」（羅斯福很清楚，這樣一來，華府每個人都會立刻聽說這件事。）然後羅斯福又一一向其他幾位助理下了同樣的指令（明知他們和第一位助理意見不同），也要求他們一定要「嚴守祕密」。如此一來，他就可以確定，關於這個問題的各個重要層面都會有人透徹思考，並且向他報告。不會因為某位助理的成見，而限制了他對問題的理解。

羅斯福內閣中的「專業經理人」——內政部長艾克斯（Harold Ikes）曾嚴厲批評羅斯福的做法在行政管理上非常拙劣。艾克斯的日記中充滿對羅斯福總統的譴責字眼，批評他：「行事草率」、「背信忘義」。但羅斯福知道美國總統的主要職責不是行政管理，而是制定政策和做正確的決策。這就好像律師會運用「對抗性程序」，在爭端中找出真正的事實，並確定訴訟案件的所有相關層面都呈報到法庭上。

堅持讓不同的意見並陳的主要原因有三：

首先，唯有如此，才能確保決策者不會成為組織的囚徒。每個人都有所求，都希望

（通常都完全出於善意）決策對自己有利，無論決策者是美國總統，或正在修改設計的新進工程師都一樣。

要打破這些限制，就必須確定在決策過程中，能充分爭辯和討論不同的意見，並且記錄下來，經過深思熟慮後，才做成決策。

其次，不同的意見能提供決策者不同的選擇方案。無論決策事先經過多縝密的思考，沒有替代方案的決策等於在孤注一擲。每個決策都很有可能是錯誤的，不是一開始就走錯了方向，就是情勢變化導致決策行不通。如果你在決策過程中，曾經考慮過其他的替代方案，你就可以改走另外一條路，因為替代方案早已經過深思熟慮，而且大家也充分了解方案的內容。反之，如果沒有替代方案，當決策行不通時，就變得完全沒有退路，一敗塗地。

我在上一章曾經提到德軍在一九一四年的施理芬計畫和美國總統羅斯福的經濟計畫。兩個計畫都在應該發揮效用的緊要關頭橫生枝節。

當施理芬計畫行不通時，德軍再也沒有恢復元氣，也不曾再擬定另外一個戰略概念，只是走一步算一步，不斷推出一個個不夠周全的應急方案。但這種情形是不可避免的。二十五年來，德軍參謀傾全力擬定施理芬計畫的細節，卻從來不曾研究施理芬計畫的替代方案，所以當計畫失敗時，沒有人手上有任何替代方案。

雖然德軍將領都接受過嚴謹的戰略規畫訓練，卻只知道隨機應變，換句話說，先拚命往一個方向衝，然後又掉頭往另一個方向衝，但是其實並沒有真正了解衝刺的目的為何。

一九一四年發生的另外一個事件，也凸顯了沒有替代方案的危險。當時俄軍下達動員令後，沙皇又改變主意。所以他召見參謀總長，要求他終止動員令。參謀總長回答：「陛下，這是不可能的事。一旦你發布動員令，就沒有辦法取消。」我認為，即使俄國人在最後一刻停止啟動軍事機器，也不一定能阻止第一次世界大戰爆發，但至少那是理智發揮力量的最後機會。

相反的，羅斯福總統在上任前幾個月，一直以主流經濟發展策略為競選主軸，但同時也有一批能幹的幕僚組成智囊團，一直在為他研擬替代方案，他們根據過去改革派的建議，擬定激進的改革方案，目的在推動大規模的經濟和社會改革。等到美國金融體系一夕崩解後，顯然推動主流經濟發展策略不啻政治自殺，這時候，羅斯福手上已經有一套成熟的替代方案，據以制定政策。

如果不是預先準備好替代方案，羅斯福總統很可能像德國參謀總長和俄國沙皇一樣，頓時不知所措。羅斯福服膺十九世紀的傳統國際經濟學理論。然而從一九三二年十一月羅斯福當選總統，到一九三三年三月他正式上任，在這段期間內，無論國際經濟或美國國內經濟都急轉直下。雖然羅斯福把局勢看得很清楚，但如果沒有預先準備好替代方案，他就只能走一步算一步，無法有大作為。即使像羅斯福總統這麼足智多謀、才幹出眾的領導人，當局勢突然變得混沌不明時，他也只能在迷霧中摸索，在南轅北轍的對策之間擺盪（就好像他參加倫敦經濟會議時的情形），被自吹自擂的經濟學家牽著鼻子走，他們拚命鼓吹著美元貶值或重新發行銀幣等藥方，殊不知這兩帖藥方完全解決不了真正的問題。

更好的例子是羅斯福一九三六年在總統大選中贏得壓倒性勝利後，推出最高法院改造計畫。不料這個計畫在美國國會中遭到強力反對，羅斯福原本以為自己能完全掌控國會，因此沒有準備任何替代方案。結果儘管他以壓倒性的多數當選，而且深得民心，然而他不但無法推動法院改革方案，也失去對國內政治的掌控力量。

更重要的是，必須有不同的意見，才能激發想像力。我們不見得非靠想像力，才能找到問題的正確解方。唯有在解數學題目時，才最需要想像力。但無論是政治、經濟、社會或軍事領域的管理者，當他面對眾多高度不確定、難以預料的問題時，都需要「創造性」的解決方案，以開創新局。也就是說，他需要豐富的想像力——以有別於以往的新方式來認知和理解問題。

我承認，擁有一流想像力的人才並不多見，但也不像一般人印象中那麼罕見。不過潛藏的想像力需要受到挑戰和刺激，才能充分發揮，而不同的意見經過討論、透徹思考並記錄後，就能有效地激發想像力。

很少有人像胖胖蛋先生❶的想像力那麼豐富，能在早餐前想到那麼多不可思議的事情。而像胖胖蛋的創作者卡洛爾（Louis Carroll, 1832-1898，同時也是《愛麗絲夢遊仙境》〔*Alice in Wonderland*〕的作者）想像力那麼豐富的人更寥寥無幾。即使是年紀很小的幼兒，都已經擁有足夠的想像力，懂得欣賞《愛麗絲夢遊仙境》的故事。正如心理學家布魯納（Jerome Bruner）所說，即使八歲小孩都曉得「4×6＝6×4，但『a blind Venetian』（盲眼的威尼斯人）卻不等同於『a Venetian blind』（指『百葉窗簾』）。」這是具有高度想像力的見解。然而許多成年人做決定時，卻假定

❶胖胖蛋先生（Humpty-Dumpty）是英文童謠中的人物，通常都被畫成蛋的形狀。

「a blind Venetian」和「a Venetian blind」沒什麼兩樣。

維多利亞時代流傳著一個關於南海島民的故事。這位南海島民在西方遊歷後返鄉，他告訴家鄉的島民，西方人的房子裡面無水可用。在他的家鄉，島民用挖空的圓木筒引水進屋裡，因此可以清楚看見水流，但在西方城市裡，自來水都在水管裡面流動，因此只有當某人打開水龍頭時，水才會流出來。但是沒有人向他解釋水龍頭是怎麼一回事。

每當我聽到這個故事時，都會聯想到想像力的問題。除非我們打開想像力的水龍頭，否則想像力就不會泉湧而出。而經過爭辯和琢磨的不同意見，正是開啟想像力的水龍頭。

高效能的管理者懂得組織和運用各種不同的意見，唯有如此，才能保護他不會輕易被表面可信、但其實不夠周全的錯誤意見所誤導。他在決策時，因此擁有其他可選擇的替代方案，當決策無法執行或證明錯誤時，才不至於徬惶不知所措，而且也會激發他和同事的想像力。不同的意見能將看似有理的見解轉變為正確的方案，並且把正確的方案變成好的決策。

高效能管理者不會一開始就假定某個行動方案一定是正確的，其他方案都是錯誤的。他也不會從一開始就假定：「我說的都是對的，他說的都是錯的。」他會努力探討大家的意見何以不一致。

當然，高效能管理者很清楚到處都有很多蠢材，也有很多人喜歡搗蛋。雖然他們認為許多事情簡直是再明顯不過的事實，但他們不會把任何意見不同的人都當成笨蛋或無賴。他們知道，除非有充分的證據，否則必須假定抱持異議的人也有相當的才智，而且立論公正，而他們之所以會得出錯誤的結論，是因為他們看到的是不同的現實，關心的是不同的問題。因此高效能管理者總是不斷地問：「這個人的立論要站得住腳的話，必須掌握哪些事實？」高效能管理者先把焦點放在「了解」，了解後，才會開始思考誰對誰錯的問題。

有一家風評良好的律師事務所給剛從法學院畢業的菜鳥指派的第一件差事，都是為對方律師的當事人草擬強而有力的答辯。在新人坐下來研究自己當事人的案子之前，要他們先研究對手的案子，是很明智的做法（畢竟你必須假定對方律師也會深入了解自己的案子），而且對年輕律師而言，這也是很好的訓練，訓練他不要一開始就說：「我很清楚我的案子為什麼可以成立。」而必須通盤思考對方律師一定知道、看到或找到什麼可能的線索，才會相信自己的案子可以成立。他因此學會把正反兩面都視為同一個案子裡的兩種可能情況。唯有如此，他才會真正了解自己手上的案子究竟是怎麼回事，同時在法庭上做出有力的答辯。

不消說，無論是不是管理者，大多數人都沒有這樣做。一般人大都從一開始就很篤定自己眼中所見就代表唯一的觀點和事實。

美國鋼鐵業管理者總不明白：「每當我們提到『強迫雇用』（featherbedding，指工會強迫資方超額僱用員工）的時候，工會的人幹嘛反應這麼強烈？」另一方面，美國鋼鐵工會的人也從不反躬自省，他們明明沒有怎麼樣，為什麼資方要這麼小題大作。雙方只是拚命證明對方是錯的。如果他們能設法了解對方的看法和背後的原因，不但自己的立論會更有力，美國鋼鐵業的勞資關係也會更好、更健全。

這是必要的決策嗎？

高效能的決策者會問的最後一個問題是：「這是必要的決策嗎？」因為其中一個選擇永遠都是什麼都不做。

每個決策都像動手術一樣，是對現有體系的干擾，因此必須承擔可能休克的風險。就好像醫生不會進行不必要的手術一樣，管理者也不會制定不必要的決策。就像外科醫生一樣，每位決策者也各有不同的風格。有的人比較激進，有的人比較保守。但大體而言，他們對於基本原則都有共識。

如果什麼事都不做，情況很可能持續惡化的話，就需要做決定。面臨機會時，情況也是如此。如果碰到很重要的機會，除非迅速採取行動，否則機會一去不復返，那麼勢必要採取行動，大膽改變。

和維爾同時代的人也都同意他的看法，認為電信事業正面臨被收歸國有的威脅，但是他們想針對症狀來扭轉局勢，例如在國會中反對這個或那個法案，在選戰中支持這個候選人或反對那個候選人等等。只有維爾心知肚明，面對日益惡化的局面，這樣做毫無效果。即使贏了一場戰役，仍然沒辦法在戰爭中贏得最後的勝利。他知道必須大刀闊斧地開創新局，所以他獨排眾議，認清私人企業必須設法把公共管制變成國營之外的另一個有效選項。

另一方面，在有些情況下，我們可以預期（只要不是過度樂觀），即使什麼都不做也無妨。如果針對：「如果我們什麼都不做，會怎麼樣？」你的答案是：「不會怎麼樣。」那麼就不需要介入。如果目前的情況雖然滿煩人的，卻沒什麼大不了的，也不至於造成什麼嚴重問題，那麼也就多一事不如少一事。

但能明白這點的管理者可說寥寥無幾。公司面臨嚴重的財務危機時，拚命鼓吹削減成本的財務主管幾乎錙銖必較，但其實有些小錢即使省下來，對大局仍然沒什麼幫助。比方說，他可能知道業務和物流部門的成本最容易失控，於是他千方百計地努力控制這兩個部門的成本。但接下來，他卻挑剔工廠裡有兩、三名老員工是冗員，拖累了整個工廠的經營績效和效率，結果此舉不但破壞了自己的名聲，也讓先前的種種努力蒙塵。而當別人表示，開除少數幾位已屆退休年齡的老員工，根本起不了太大作用時，他駁斥這種說法不道德，辯稱：「別人都有所犧牲，為什麼獨獨工廠的員工可以這麼沒有效率？」

結果當整個風波平息後，組織很快就忘了他當初是怎麼挽救公司財務的，但卻念念不忘他如何狠心追殺工廠裡兩、三個可憐的傢伙，也是他自己活該。兩千年前的羅馬法條中就明文指出：「行政長官不過問小事。」但許多決策者仍然需要好好學習這一課。

大多數的決策都介於上述兩個極端之間。問題雖不會自然化解，但也不太可能日益惡化，變成無可救藥的重症。我們通常只能掌握改善的機會，而不是進行大刀闊斧的變革或創新，但是仍然有很多可以發揮的餘地。換句話說，如果不採取任何行動，我們仍然可以生存，但如果我們真的採取行動的話，我們可能會大幅改善目前的情況。

在這樣的情況下，高效能決策者會將行動需投入的努力和可能的風險拿來和不行動的風險相比較。究竟怎麼樣決定才正確，沒有公式可循，但有兩個基本的原則有助於做決定：

一、如果行動的效益遠大於成本和風險，那麼就採取行動；

二、你要不然採取行動，要不就按兵不動，但千萬不要「兩面下注」或妥協折衷。外科醫生開刀時，如果只割除半節扁桃腺或盲腸，其實病人休克或感染的風險仍然很大，和割除整條扁桃腺或盲腸所冒的風險沒有兩樣。而且他這麼做不但沒有把病人治好，反而讓病情更加惡化。他要不然就做完整個手術，要不然就根本不要開刀。同樣的，高效能的決策者，要不就採取行動，要不就按兵不動。他不會只採取一半的行動，這是絕對錯誤的決策，是絕對無法滿足最低要求和邊界條件的決策。

現在，準備好要做決定了。你已經通盤思考了所有的條件，評估了所有的選擇方案，也衡量了所有的風險和效益。所有該知道的事情都已了然於胸，的確，到了這時候，該採取的行動通常都已呼之欲出。

但大部分的決策也就在這個時候變得不是那麼篤定了。決策者突然間明白，這不會是一個容易推動、廣受歡迎的決策，他這時候才領悟到，決策不只需要判斷，也需要膽識。雖然我們不清楚為何良藥多半苦口，但有效的決策確實大多苦口。

在這個節骨眼，許多人會大聲呼籲：「應該再多研究一下。」但高效能管理者不會屈從這樣的說法，這是懦夫處理問題的方式——而懦夫會失敗一千次，勇者卻只會陣亡一次。碰到有人要求「再多研究一下」時，高效能管理者會問：「有任何理由足以說服我們，進一步的研究能帶來新發現嗎？我們有任何理由相信，新發現或新方案一定有助於解決眼前的問題嗎？」如果答案是否定的（通常是如此），那麼高效能管理者就勇往直前，不同意再多花時間研究。他不會因為自己猶豫不決，而浪費優秀人才的時間。

但同時，高效能管理者不會倉卒行事，一定會等到真正了解決策的內容後，才會做決定。他懂得傾聽發自內心的聲音：「小心哪！」如果這件事是對的，就沒有理由只因為事情很困難、很麻煩、或很可怕而不去做。但如果你會莫名其妙地感到心神不寧，煩惱不安，那麼最好暫且按兵不動。有一位我認識的傑出決策者說，「每當問題失焦時，我總是先停下腳步，按兵不動。」

十次有九次，你都是庸人自擾，但有可能在第十次的時候，你突然發現忽略了問題中某個重要事實，犯了某個根本錯誤，或作了錯誤判斷。你就好像福爾摩斯探案般，直到第十次才恍然大悟，「最重要的事實是，那天巴克斯維爾的獵犬沒有吠。」

但只要內心的「惡魔」開始低語，高效能的管理者不會等太久，也許只等個幾天，或最多幾星期之後，不管他喜不喜歡，他都會很快地採取行動。

公司聘請管理者來上班，不是為了讓他們做他們喜歡的事情，而是要他們做對的事——而這些對的事絕大部分都是管理者需承擔的特定任務——制定有效的決策。

電腦能取代決策者嗎？

問題是，當電腦問世之後，以上的原則都還適用嗎？

有人說，電腦遲早將取代決策者，至少會取代中階主管的決策功能。電腦在幾年內就會開始制定所有的營運決策，而且不久之後，連策略性決策都將由電腦代勞。

事實上，電腦將迫使管理者做真正的決策，因為過去他們大多只是臨場應變而已，許多人只懂得被動因應，而不懂得像真正的管理者和決策者般採取行動，如今他們將有所改變。

電腦是管理者的有力工具。但電腦就好像槌子和鉗子一樣（但不像輪子或鋸子），凡是人類辦不到的事情，電腦也辦不到，但電腦做加減計算的時候，可以比人類快無數倍，而且電腦不會覺得無聊，也不會感到疲倦，甚至不要求加班費。電腦就好像其他工具一樣，能擴大人類的能力。但電腦也像其他工具一樣，只懂得做一、兩件事情，功能有限。正因為電腦有它的限制，因此我們才會被迫去做真正的決策。

電腦的長處是擅於邏輯分析，會完全遵照程式設計來完成工作，因此做事情既快速又準確。但正因為如此，電腦往往顯得笨頭笨腦的，因為邏輯基本上滿愚蠢的，所以電腦只能分擔簡單而明確的工作。相反的，人類並非很善於邏輯思考，很多時候都是靠感覺。換句話說，相較於電腦，人類做起事情來，不但速度慢半拍，也比較散漫，但另一方面，人類卻比較機伶，也比較有洞察力。人類懂得自我調整，也就是說，即使資訊有限，甚至沒有任何資訊，人類仍然能推斷出事情的全貌。而且不需要輸入任何程式，人類就能記住許多事情。

企業經常做的庫存和出貨決策，就是傳統經理人透過現場隨機應變來做決策的典型例子。每個地區業務經理幾乎都知道，甲顧客通常都把生產時程訂得很緊湊，所以萬一零件物料沒有按時送到，就會造成嚴重的問題。他也知道乙顧客通常都有充足的備料，即使廠商沒有如期交貨，他們都還可以撐個幾天沒問題。他還看出丙顧客早已對他們公司不滿，只要一找到藉口，就會把訂單轉給其他供應商。這位業務經理知道，他只要和工廠一些人套套交情，就可以額外得到一些物料供應。所以一般業務經理都會根據這些經驗和認知，來調整做法。

然而電腦對這些事情卻一無所知。至少除非有人明確告訴他，這些事實會影響公司對甲顧客或乙產品的政策，否則電腦完全不知道這些事情的重要性，它只會聽從程式和指令來行事，只能像計算尺或收銀機一樣，發揮計算的功能，沒辦法真的做什麼「決定」。

公司一旦試圖以電腦化的方式來控制庫存，就必須制定一套規則，發展出自己的庫存政策。他們在制定庫存原則和政策時，就會發現其實相關的決策根本不是庫存決策，而是高風險的經營決策。企業之所以要有存貨，是為了平衡各種不同的風險：包括交貨和服務水準未能滿足客戶預期的風險、生產時程不穩定的風險和成本，以及將資金積壓在可能腐爛、損壞或過時產品的風險和成本。

「我們的目標是能對九成的客戶履行九成的交貨承諾」這類陳腔濫調，沒有太大幫助。如果試圖把這句話轉換成電腦能一步步執行的呆板邏輯，就會發現這句話其實毫無意義。意思是，我們承諾客戶的十份訂單中，會有九成如期交貨嗎？還是我們承諾「好客戶」的所有訂單都會如期交貨——我們又如何決定誰是「好客戶」呢？究竟是針對所有的產品，我們都會如期交貨嗎？還是只有佔產量絕大部分的主要產品，我們才會如期交貨？針對其他在我們公司不算主要產品的幾百種產品，如果其中某個產品對於下訂單的客戶而言卻是重要產品的話，我們又有什麼政策呢？

以上每個問題，都需要企業承擔風險，有所決策，而且是根據原則而制定的決策，制定了明確的原則後，才能交由電腦來控制庫存。這些決策是不確定情況下的決策，沒有辦法將明確的相關事項輸入電腦，下達指令。

因此，期待電腦（或其他類似的工具）能保持作業平穩，或對發生的事件（不管是遠方出現敵方核彈，或在石油提煉過程中發現原油含琉量超高）出現預期反應，都必須經過通盤思考後有所決定。這時候，不能夠再靠隨機應變，不能再透過一連串小小的調整，來摸索出該走的方向，套用物理學家的術語，不能再做「虛」的決策，而需要制定真正的決策，制定原則性的決策。

這個問題並非電腦造成的。電腦只是工具，或許任何問題都不會因電腦而

起，電腦只不過凸顯了早就發生的趨勢，決策從因時因地制宜轉變為原則性決策的情形早已存在，在二次世界大戰期間和戰後的軍事界尤其明顯。由於軍事作業的規模愈來愈大，也愈來愈環環相扣，因此，（比方說）整個三軍部隊和軍事作業的相關部門都需要後勤系統的支援，中級指揮官日益需要了解相關的戰略性決策架構。他們愈來愈需要做真正的決策，而不僅是因地制宜地執行上級的命令。在二次大戰期間許多名將，例如隆美爾（Erwin Rommel）、布萊德雷（Omar Nelson Bradley）和朱科夫（Georgy Zhukov）等，都是「中階主管」，但他們必須深思熟慮，制定真正的決策，不像早期的騎兵隊將官，只需要英勇地衝鋒陷陣。

結果，決策不再是高層少數幾個人的專利。組織中每一位知識工作者幾乎都親自扮演決策者的角色，或至少積極貢獻智慧，參與決策流程。決策在過去是一種高度專業化的職能，在組織明確規範下，由少數人負責行使，但是在新的大規模知識型組織中，決策很快變成每個單位的常態工作。能不能制定有效的決策，變成每一位知識工作者（至少對身負重任的知識工作者而言）能否發揮效能的關鍵。

備受討論的「計畫評估技術」（Program Evaluation and Review Technique，簡

稱PERT）就是個好例子，「計畫評估技術」的目標是為高度複雜的計畫（例如太空船的開發與建造），提供關鍵工作進行的藍圖，藉由事先規畫每部分的工作和執行順序，並預先訂定每一項工作的完成時間，以掌控計畫進度，並如期完成。如此一來，就很難靠隨機應變，而必須勇於做高風險的決策。作業人員頭幾次擬定PERT時間表時，幾乎每一步都會判斷錯誤，因為他們仍然想靠隨機應變的方式來完成系統化決策才能達到的目標。

電腦對於策略性決策也會帶來同樣的衝擊。當然，電腦無法制定策略性決策，電腦所能做的，只是就我們對於不確定的未來所做的假設，推斷出可能的結果，或相反的，告訴我們計畫採取的行動背後的假設為何。歸根究底，電腦所能做的仍然只是計算而已。因此，電腦需要明確的分析，尤其必須訂出決策必須滿足的邊界條件，而這些都需要冒險下判斷。

這些都是電腦對於決策的意義。如果運用得當，應該可以幫助高階主管擺脫組織內部事務的繫絆，挪出時間吸收可靠的資訊，而資訊不足或資訊落後正是主管目前最為人詬病的地方。管理者因此會比較容易走出去，關心外界的發展，換句話說，把焦點放在組織能夠展現成果的地方。

電腦也能修正管理者決策時經常犯的典型錯誤。在過去，我們很容易誤把通病視為特例，結果往往只是頭痛醫頭，腳痛醫腳。但電腦只能處理通則，也就是邏輯能派上用場之處，因此，未來我們很可能會誤把真正的特例視為只是一般通病的症狀。

常常有人抱怨我們試圖讓電腦取代有經驗的軍人所做的判斷，也正因為如此。我們不應該輕忽這個問題，認為只是參謀人員在發發牢騷而已。對於這種將軍事決策標準化的趨勢，抨擊最力的人士之一是傑出的民間「管理科學家」、英國生物學家祖克曼爵士（Sir Solly Zuckerman），身為英國國防部科學顧問，祖克曼在電腦分析和作業研究的發展上，扮演重要角色。

電腦造成的最大衝擊正是在於電腦有其限制，電腦的限制迫使我們做愈來愈多的決定，尤其迫使中階經理人轉換角色，從處理日常作業變成管理者和決策者。

例如像企業界的通用汽車或軍事團體中的德國參謀部這類組織最大的優勢，就是他們從很早以前就已經把平日的營運當成真正的決策。

經理人愈早懂得根據對風險和不確定性的判斷來做決策，我們就能愈快克服大型組織的基本弱點——負責做決策的高層沒有事先受過任何訓練和考驗。如果我們一直靠

「權宜之計」而非「通盤思考」、靠「感覺」而非靠「知識」和「分析」來因應作業層次的問題，那麼無論在政府、軍隊或企業界，等到營運人員升上去當高階主管、面對策略性決策時，他們仍然是未經任何訓練、試煉和考驗的決策生手。

當然，單憑電腦無法讓一般職員脫胎換骨變成決策者，就像單憑計算尺也沒有辦法讓高中生搖身一變為數學家一樣。但電腦會迫使我們及早區分職員和有潛力成為決策者的人才，同時容許後者（或迫使他）學會有目的、高效能的決策方式。除非組織能培養高效能的決策者，而且好好做決策，否則電腦無法發揮效能。

電腦的誕生的確激發了人們對決策的興趣，但原因不在於電腦可以代替人類做決策，而是有了電腦運算的輔助，組織各個階層的員工都必須學習如何當個管理者，以及如何制定有效的決策。

THE Effective Executive

關於決策，管理者不能不知道的幾件事

- 決策是一種判斷，是各種替代方案之間的選擇。決策很少是「對」與「錯」之間的選擇，頂多是在「大致正確」和「可能錯誤」之間選擇。
- 決策的第一條規則就是，除非聽到不同的意見，否則不要輕易決定。所以高效能的決策者總是刻意激發歧見，而不是尋求共識。
- 高效能的決策者會問：「這是必要的決策嗎？」因為其中一個選擇永遠都是什麼都不做。有兩個基本的原則有助於做決定：

  一、如果行動的效益遠大於所投入的成本和可能的風險，那麼就採取行動；

  二、要不採取行動，要不就按兵不動，但千萬不要「兩面下注」或妥協折衷。
- 正因為電腦有其限制，所以迫使我們做愈來愈多的決定，尤其迫使中階經理人轉換角色，從處理日常作業變成管理者和決策者。

結語

透過自我發展，提升工作效能

本書的論點乃建立於兩個前提上：

一、管理者的工作必須有成效；

二、人人都可以學會如何發揮高效能。

組織聘請管理者來工作，就是希望他發揮效能，因此管理者有責任展現高效能。那麼，管理者究竟應該學什麼和做什麼，才不會有虧職守呢？為了回答這個問題，整體而言，本書將組織績效和管理者績效本身當成目標。

第二個前提是，高效能是可以學習的。因此，本書試圖依序說明管理者績效的幾個不同面向，以激勵讀者學習如何成為高效能的管理者。當然，本書並非教科書，因為效能是可以學，卻無法教的。畢竟效能並非一門「科目」，而是一種自我紀律。但本書從頭到尾，無論在結構中或對主題的討論方式中，都隱含著一個問題：「哪些因素能提高組織效能，或促使管理者在工作中發揮效能？」我們幾乎不問：「為什麼需要有效能？」因為我們早已視之為理所當然。

不過在依序回顧本書各章的論點和發現時，我又觀察到關於管理者效能的另一個不同面向：效能對於一個人的自我發展、組織的發展，以及現代社會的生存發展，都非常重要。

一、建立效能的第一步是建立習慣1「了解自己的時間」，也就是好好記錄自己把時間花在哪些地方。這是一種機械性的步驟。管理者甚至不需要自己做紀錄，由祕書或助理代勞可能更好。不過如果管理者開始這樣做，即使不是立刻、也會很快看到自己的效能大幅提升。如果能持之以恆，記錄時間的習慣也會促使他邁開高效能的下一步。

管理者開始分析自己運用時間的方式，並採取行動，刪除浪費時間、毫無必要的活動。這時候，管理者需要做一些基本決定，在自己的行為、人際關係和關心的問題上做一些改變。

他開始探討不同的時間運用方式、不同的活動、以及活動的目標，究竟哪個比較重要，哪個比較次要，管理者許多工作的水準和品質都會因此受影響。也許每隔幾個月，就應該重複一遍這個動作，把清單列出來，重新檢視一遍。這個習慣關乎管理者能否有效率地運用稀有資源——時間。

二、接下來，管理者必須將目光專注於貢獻上（習慣2），把焦點從程序轉移到概念、從機械性的步驟轉移到分析，從關心效率變成關心成果。這時候，管理者必須訓練自己思考公司聘請他來上班的原因，以及自己應該有什麼貢獻。不必把它想得太複雜，管理者只需直接問自己該有什麼貢獻，但答案則應導向對自我的高度要求，思考自己和組織的目標，關心價值的問題，以高標準來要求自己。最重要的是，這些問題要求管理者承擔責任，而不是處處以部屬自居，只要能討上司歡心就心滿意足。換句話說，當管理者把重心放在有所貢獻上時，他不能只考慮方法與手段，而必須對於做事的目的有透徹的思考。

三、習慣3「善用人之所長」基本上是透過行為而展現出來的一種態度，是對個人的尊重——尊重自己，也尊重別人，是行動中所展現的價值觀。但是要「善用人之所長」也需要「從做中學」，透過不斷練習而自我發展。在用人之所長的過程中，管理者融合了個人目標和組織需求、個人能力和組織成果、個人的成就和組織的機會。

四、習慣4「先做最重要的事」與習慣1「了解自己的時間」相互呼應。這兩章可說是管理效能的兩大支柱和基石。但是在這裡，這些步驟不再只關係到管理者的時間資源，而主要在探討其最終產出——管理者的績效和組織的績效。我們所記錄和分析的不再是我們碰到的情況，而是我們應該設法在環境中促成的事情。重點不在於開發資訊，而是培養人的特質：遠見、膽識和自立自強的精神，換句話說，是在培養領導才能，不是那種天縱英明、才華洋溢的領導人，而是更加虛懷若谷、堅忍不拔的領導力，能專心一志地致力於嚴肅目標的領導人。

五、習慣5探討的「有效的決策」，乃是在探討理性的行動。今天的管理者想要工作有成效，不能指望有一條清楚標示的路徑，只要順著走下去，就可以看到成效，但是針對如何從這一步走到下一步，前人依然留下了一些標竿，作為指導方針。比方說，雖然針對管理者要如何辨認事件的型態，判定這是否屬於普遍性的問題，以及如何設定決策必須滿足的邊界條件，仍然沒有明確的規則可循，完全要視情況而定；但究竟應該依照什麼先後順序，做哪些事情，卻很明確。只要依照這些標準行事，管理者應該能訓練自己作負責任的判斷。要做有效的決策，不但需要適當的步驟和分析，同時基本上也是一種行動的倫理。

由凡人來創造非凡的績效

管理者的自我發展其實不只是訓練自己提高效能而已，還包括其他許多層面。管理者必須獲得知識，培養技能；他在生涯發展途中，必須學習許多新的工作習慣，同時有時候需要去除某些舊的工作習慣。但除非管理者先具有高效能，否則他即使有再淵博的知識、再高超的技能和再好的習慣，也是枉然。

成為高效能的管理者其實沒什麼好得意的，只不過是像其他千千萬萬人一樣，善盡自己的職責。任何人都可以把這篇有關如何訓練自己提高效能的文章和（比方說）齊克果（Soren Kierkegaard）關於自我發展的短文〈基督教的訓練〉（Training in Christianity）拿來相比較。當然每個人的人生中都有比當高效能管理者更崇高的目標。但正因為這個目標是如此卑微，因此我們才有希望達成目標，換句話說，現代社會和組織有希望培養出為數眾多的高效能管理者。如果我們要求聖賢、詩人或甚至一流學者來執行組織中的知識性工作，那麼根本不可能發展出大規模的組織。今天的大型組織必須由凡人來達成非凡的績效，這也是高效能管理者必須設法培養的能力。雖然這不是太崇高遠大的目標，每個人只要肯努力，都辦得到，但高效能管理者的自我發展乃是從技術到態度、價值觀和品格，從步驟到全力以赴的精神，全面的個人發展。

無論對企業、政府機構、研究實驗室、醫院或軍事單位而言，高效能管理者的自我發展對於組織的發展都非常重要，唯有透過管理者的自我發展，組織才能達成績效。當管理者努力提高效能時，他們不但提升了整個組織的績效水平，同時也提升了自己和其他人的眼界。

結果，組織不但能把事情做得更好，而且也有能力開拓新業務，追求不同的目標。培育高效能的管理者將挑戰組織的方向、目標和目的。員工會從只看問題轉而放眼機會，從憂心缺點變為懂得用人之所長。如此一來，組織將更能吸引到有才幹、有抱負的人才，並且激勵員工全力以赴，追求高績效。組織不是因為擁有比較優秀的人才，而展現更高的效能；而是因為能透過工作標準、習慣和組織氣氛，激勵員工自我發展，所以才擁有比較優秀的人才。而這一切都是組織鼓勵員工致力於系統化的自我訓練，以成為高效能的管理者，所產生的結果。

現代社會要充分發揮其功能，有賴於大型組織展現效能，達到績效和成果，堅守價值、標準，和提升自我要求。

組織績效不只對經濟或社會發展有舉足輕重的影響，而且對於教育、醫療保健和知識的精進，都扮演關鍵角色。愈來愈多大型組織轉變為知識型組織，他們雇用知識工作者，內部員工也愈來愈需要扮演管理者的角色，肩負達成組織整體績效的重責大任，同時基於知識工作的本質，他們需要制定攸關整體成果和績效的決策。

高效能的組織並不常見，高效能的管理者更是罕見。雖然偶爾可以看到幾個耀眼的範例，但整體而言，組織績效依然不彰。今天的大企業、政府機構、大醫院或大學，徒然擁有大量資源，卻大都表現平平，內部力量分散、各自為政，花太多時間解決昨天的問題，卻遲遲不制定決策，採取行動。無論組織或管理者都需要系統化地提升效能，養成高效能的工作習慣。他們需要學會多多將資源投入機會，而非投注於問題上；他們需要致力於用人之所長，有所貢獻；他們也需要專心一志，設定優先順序，分辨輕重緩急，而不是蜻蜓點水式地樣樣都做。

管理者的高效能當然是高效能組織的基本條件，而且管理者提升效能也是對組織發展最重要的貢獻。

滿足自我實現的需求

現代社會能否在經濟上發揮高度生產力，同時又有健全的社會發展，唯有寄望於管理者發揮效能。

正如我在前面一再重申，知識工作者早已日益成為已開發國家的主要資源和重要投資，因為教育是最昂貴的投資。知識工作者也成為重要的成本中心，因此設法讓知識工作者發揮生產力，乃是已開發國家的特殊經濟需求。工業化社會中體力勞動者的成本偏高，和未開發中國家體力勞動者的廉價成本相較之下，已不具競爭力。面臨開發中國家廉價勞工的競爭，已開發國家唯有提高知識工作者的生產力，才能維持既有的高生活水準。

到目前為止，大概只有超級樂天派還會對工業化國家知識工作者的生產力感到放心。二次世界大戰後，全球有大量人力早從體力勞動者轉變為知識工作者，然而我必須承認，這個趨勢始終看不到太突出的成果，既沒能大幅提升生產力，也不見獲利率飛躍成長，而這兩個數字是衡量經濟成果的主要標準。無論已開發國家在戰後做過多少努力，提升知識工作者的生產力仍是當務之急，而關鍵當然就在於管理者的效能。因為管理者本身就是最重要的知識工作者，他的水準、標準和自我要求將會決定其他知識工作者的工作方向和投入的程度。

更重要的是對管理效能的社會需求。要凝聚現代社會，發揮強大的社會力，愈來愈需要在符合組織和工業社會的目標的情形下，整合知識工作者的心理和社會需求。

一般而言，知識工作者不會造成經濟問題，因為他們通常都生活富裕，工作穩固，並且由於本身的專業知識，而擁有轉換工作的自由。但是他們需藉由工作和他們在組織的地位來滿足心理需求，並肯定自我價值。在別人眼中，他是個專業人士，他也自認是專業人士，然而另一方面，他仍然是受雇的員工，必須聽命行事。他在某個知識領域是專家，但另一方面又必須服從組織目標。在他的專業知識領域中，沒有從屬之分，只有輩分之別，然而組織卻需要區分層級。當然，這些都不是什麼新問題，軍事單位和政府機構早就了解這個問題，也知道應該如何解決這個問題。但這是很實際的問題。知識工作者在經濟上不成問題，但卻很容易產生疏離感，如果我們要用比較時髦的字眼來代替無聊、挫敗和沮喪的話。

十九世紀的開發中國家面臨的社會問題是經濟發展和體力勞動者的需求之間產生的衝突；到了二十世紀，當這些開發中國家變成已開發國家時，他們面臨的社會問題是如何發揮知識工作者的定位和功能，並且讓他們充分實現自我。

即使否認這些問題的存在，問題仍然不會消失。認定唯有經濟和社會發展績效的「客觀事實」才算數，也不會讓問題消失。雖然耶魯大學教授阿吉瑞斯等新興社會心理學家正確地指出：組織目標並不會自動滿足個人需求，因此不如把它擺在一邊不管，但這樣的新浪漫主義也不會讓問題消失。我們必須同時滿足社會對於組織績效的客觀需求，以及個人對於成就和自我實現的需求。

管理者透過自我發展而提高工作效能，是唯一可行的解方，也唯有如此，組織目標和個人需求才能合而為一。如果管理者能努力發揮所長，同時也懂得用人之所長，以有所貢獻，那麼他也會致力於讓組織績效和個人成就相輔相成。他會努力讓自己的知識成為組織的機會，同時由於他能專注於貢獻上，因此能充分發揮自己的價值，將自我價值轉化為組織績效。

（至少十九世紀的觀念認為）體力勞動者只有經濟目標，同時也以獲得經濟酬勞為滿足，但人群關係學派的學者早就指出，實際狀況絕非如此。當勞工獲得的酬勞超過養家餬口所需時，情況就立刻改觀。知識工作者固然也要求適當的經濟報酬，但單單只有經濟報酬，卻還不夠。知識工作者需要機會，需要成就感，需要自我實現，同時也追求價值。知識工作者唯有讓自己成為高效能管理者，才能滿足上述的個人需求。唯有靠管理者發揮效能，我們的社會才能調和社會的兩種重要需求：個人能提供組織所需的貢獻，同時組織也成為達成個人目標的有力工具。

總而言之，我們必須學習如何提高自己的效能。